여기가 어디지?

놀라운 우리나라

여기가 어디지?

유정열 지음

터치아트

나의 여행은 언제나 '현재진행형'

들꽃이 흐드러지게 핀 고갯길에는 손자에게 과자 한 봉지라도 사 주고 싶어하는 허리 굽은 할머니의 느린 발걸음이 묻어 있다. 잘살아 보겠다고 매일같이 거친 파도와 씨름하던 어부와 그의 소박한 아내에게 작은 포구의 해돋이는 일상의 한 부분이다. 태어나서 오늘까지 밭을 일구는 할아버지에게 단맛 도는 막걸리는 그 무엇과도 바꿀 수 없는 작은 위안이다. 꽃씨를 뿌리고 나무 한 그루 심는 아주머니의 손길 끝에 자연이 고스란히 피어난다. 그렇게 아름다운 풍경들과 자연의 신비 속에는 어김없이 사람들이 있고 이야기가 있다.

여행이란 오랜 세월을 거치는 동안 차곡차곡 쌓인 이야기 속으로 들어가는 것이다. 자연이 백지로 이루어진 두툼한 책이라면 여행자는 그 속을 채우는 상상가인 셈이다. 수년간 대한민국 구석구석을 돌아다니며 길 위의 수많은 이야기를 담았지만, 아직 책을 마치기에는 턱없이 모자라다. 어쩌면 죽을 때까지도 다 채우지 못할 것이다. 가도가도 끝이 없는 망망대해 때문도 아니고, 넘고 넘어도 또 넘어야 할 산이 있어서도 아니다. 여행자가 지나간 자리에는 또 다른 이야기가 피어나고 그 주인공들에 의해 자연도 바뀌기 때문이다.
또, 여행을 하면서 마주치는 예상치 못한 이야기는 그곳을 도저히 잊을 수 없는 여행지로 만들어 주기도 한다. 때로는 즐거움이 가득할 수도 있고, 절망감에 무릎을 꿇을 수도, 슬픔에 몸을 가누지 못할 수도, 작은 친절에 크게 감동할 수도 있다. 여행을 만들어가는 것은 바로 여행자의 몫이기 때문이다. 대한민국 구석구석을 여행하고, 책으로 만드는 동안에도 아쉬움은 커져만 간다. 지금도 나의 '구석구석 여행'은 현재진행형이다.

책으로 만들기까지 항상 도움을 준 허훈과 김대영, 아낌없이 격려를 보내 준 창규와 소연부부, 그리고 포도 식구들과 카페 써드아이, 홍시 멤버들, 오랜 시간을 기다리며 당근과 채찍을 선물해 준 터치아트의 진영희 사장님과 박미경 씨에게 고마움을 전하며, 달콤한 사탕과 뭐든지 아낌없이 나누어 준 쿠키에게 진심으로 감사의 마음을 전한다.

2008년 여름, 유정열

차례

가을
아름다운 계절이 가기 전에 길을 나서라

놀라운 우리나라 여기가 어디지?

일러두기

1 이 책에는 우리나라의 아름다운 여행지 52군데를 여행하기 좋은 계절에 따라 구분하여 소개하였다. 단, 여기에 적용된 기준은 절대적인 것이 아니며, 여행하기 적절한 다른 계절이나 시간 등에 대한 정보는 '여행 즐기기'에 따로 제시하였다.

2 자가용을 이용할 경우, 여행지를 쉽게 찾아갈 수 있도록 내비게이션 정보를 수록하였다. 책에 표시한 정보는 '지니맵'을 기준으로 작성한 것이며, 내비게이션 소프트웨어의 종류에 따라 검색어와 좌표가 다를 수 있다.

3 본문의 내용 중 '이쯤에서 사진 한 장'은 각 여행지의 특성을 살려 인물사진을 찍기에 적당한 장소를 설명한 것이다. 책에 실린 사진 대부분이 이 지점에서 촬영한 것이며, 지도에 ◉ 모양으로 해당 위치를 표시하였다.

4 지도에 표시된 기호 중 **25**는 고속국도, 22 는 국도, 12 는 지방도를 뜻한다.

5 이 책에서 제시한 여행정보는 2008년 7월 기준으로, 여행 시기에 따라 변동이 있을 수 있다.

봄

| 세상이 화사하게 물들어 갈 때 |

봄을 부르는 노란 세상

엉성한 듯 보이는 돌담과 낡은 지붕, 그리고
노란 산수유꽃이 핀 골목을 걸어 들어가는 순간,
어릴 적 키우던 누렁이 한 마리가 꼬리를 흔들며 다가올 것만 같다.

여행지에서

마음에 드는 사진을 얻으려고 욕심내다 보면 한 곳에 오래 머물 때가 많다. 그러면 자연스럽게 주변에서 사진 찍는 사람들과 대화도 나누고 경험 많은 이들로부터 조언을 듣기도 한다.

한번은 임실 옥정호에서 어느 사진작가와 이야기를 나누다가 구례 산수유 마을에 함께 가지 않겠냐는 뜻밖의 제의를 받았다. 그 때쯤 눈이 많이 왔기 때문에 눈 덮인 지리산을 배경으로 노랗게 핀 산수유가 더욱 멋질 거라고 했다. 나는 그 말에 홀딱 넘어가 흔쾌히 동행했다.

목적지에 도착해 보니 과연 하얗게 변한 만복대를 배경으로 노란 산수유 꽃이 만발해 있었다. 겨울과 봄이 함께 있는 보기 드문 풍경이었다. 그 모습에 이방인이 감탄하고 있을 때 지나가던 상위마을 아주머니는 한숨을 쉬었다. "이번 산수유는 망했어." 그렇다. 봄을 알리는 산수유가 필 때 눈이 내리는 바람에 기온은 다시 떨어지고 산수유는 얼어버린 것이다. 누군가는 이상기온으로 일 년을 준비한 축제를 망치고, 누군가는 같은 이유로 평생 구경 못할 풍경을 찍는다. 아주머니의 푸념에 마음이 무거우면서도 하얀 눈옷을 입은 지리산 자락에 온통 노랗게 핀 산수유 꽃길을 거니는 기분은 황홀했다. 눈 덮인 산을 배경으로 하지 않아도 산수유 마을은 충분히 아름답다. 낮은 지붕을 인 집들이 옹기종기 모여 있는 골목길에도, 지붕보다 낮은 돌담 곁에도, 맑은 물이 흐르는 개울가에도, 산수유가 필 때면 마을은 온통 노란색이다. 상위마을까지 가지 않아도 산동면에 들어서기만 하면 산수유가 지천이다. 산수유가 피는 시기는 이른 봄이어서 다른 지방은 아직 추운 곳이 많다. 하지만 이맘때 산수유 마을은 누가 뭐래도 봄이 절정이다.

꽃길을 한참 소요하다 보니 문득 노란색 병아리 옷을 입고 천진난만하게 몸짓하는 유치원생들 모습이 떠오른다. 조금 있으면 병아리 같은 아이들이 총총 줄지어 소풍가는 모습도 자주 보일 것이다. 그래, 봄이구나.

 **이쯤에서 사진 한 장**

산수유 꽃과 인물이 예쁘게 어우러진 사진을 촬영하려면 앞쪽에 꽃을 두고 그 뒤에 인물을 배치하는 것이 좋다. 단, 이 경우에 인물이 나무에 가리지 않도록 적당한 간격을 유지하자. 더불어 인물 뒤에도 산수유가 더 있거나 어두운 배경이 있으면 더욱 좋다. 만복대를 정면으로 보고 개울 오른쪽에 있는 골목에 들어서서 돌담 곁에서 촬영해도 멋지다.

하얗게 눈이 쌓인 만복대와 노랗게 핀 산수유. 겨울과 봄이 함께 있다.

산수유 꽃 속에 마을이 있는 걸까, 마을 안에 산수유 꽃이 있는 걸까?

여행 즐기기

❶ 산수유는 보통 3월 초에 꽃이 피기 시작해 3월 20일에서 31일 사이가 절정이다. 이 시기를 놓치면 다시 일 년을 기다려야 하니 미리 숙박, 날씨 등을 알아보고 여행준비를 서두르자.

❷ 산동면 입구격인 지리산 온천 단지를 지나 계속 올라가면 상위마을이 나온다. 계곡을 따라 마을 주변으로 핀 산수유가 가장 보기 좋다. 11월에는 보석처럼 빨간 산수유 열매를 볼 수 있다. 산수유 축제가 열리는 시기에는 축제 관광객뿐만 아니라 지리산 온천을 찾아온 사람들까지 몰려 길도 복잡하고 주차 공간도 부족하다.

❸ 산동면에서는 속병에 좋다는 고로쇠 수액도 생산한다. 그리고 주변에 지리산 온천 단지가 있어서 국내 유일의 게르마늄 온천을 즐길 수 있다.

❹ 산동면에서 구례읍을 지나면 산수유 꽃과 같이 봄을 알리는 벚꽃길이 열린다. 섬진강변을 따라 조성된 십리 벚꽃길을 따라 자동차로 달려도 좋고 걸어도 좋다. 특히 쌍계사에서 화개장터까지, 화개장터에서 하동까지 이어지는 하얀 꽃길이 압권이다.

주소	전라남도 구례군 산동면
내비게이션 검색	'구례산수유마을' '반월교'
GPS 좌표	경도 127° 28' 44.16" 위도 35° 19' 30.29"

교통

대중교통 시외버스를 타고 구례까지 가면 구례터미널에 상위마을(산수유마을)로 가는 버스가 있다.

자가용 ▶ 호남고속도로 전주나들목 → 17번국도(남원 방향) → 남원춘향터널 나서자마자 오른쪽 고가도로 진입 → 밤재터널 → 지리산온천 교차로 → 지리산온천랜드 → 상위마을

▶ 남해고속도로 하동나들목 → 19번국도(구례 방향) → 구례교차로(남원 방향) → 지리산온천 교차로 → 지리산온천랜드 → 상위마을

여행정보

● 3월 중순경 구례 산수유 꽃 축제 개최
● 축제 추진위원회 061-780-2390, http://gurye.go.kr/festival/01festival/festival02.html
● 산수유마을 www.sansuyu.net ● 구례군 www.gurye.net, 문화관광과 061-780-2224

그림 같다는 말을 실감하게 되는 곳

저수지 수면을 경계로 실제와 똑같은 풍경을 그려내는 반영은
놀랍고 아름답다. 바람이 불어 수면에 작은 일렁임이라도 일지 않는다면
어떤 것이 실제고 어떤 것이 반영인지 구분하기 힘들 것이다.

세량제 풍경을 처음으로 본 순간 그림 같다는 말이 절로 나왔다. 너무나 그림 같은 풍경. 있는 그대로 정직하게 그려낸 그림. 마치 화가의 섬세한 손길을 거친 듯 세량제는 정말로 그림 같은 모습을 보여 주었다.

세량제 제방에 서서 눈앞의 풍경을 보니 문득 오래전에 텔레비전에서 보았던 서양화가 밥 로스Bob ross, 1942~1955의 그림이 생각났다. 유화 그리는 법을 가르쳐 주는 〈그림을 그립시다〉라는 프로그램에서 밥 로스는 간단한 설명을 곁들여 가며 카메라 앞에서 직접 시범을 보여 주었다. 그의 손놀림은 너무나 편안하고 단순해 보였는데, 캔버스에는 마술처럼 아름다운 풍경이 나타나곤 했다. 그때 밥 로스의 캔버스에 그려지던 풍경과 비슷한 곳이 바로 세량제다.

어찌 보면 한적한 시골 다방이나 이발소에 걸려 있을 법한 그림으로도 보이지만 세량제는 전혀 촌스럽지 않다. 자연은 빛에 의해 날마다 다른 아름다움을 만들어 낸다. 저수지 수면을 경계로 실제와 똑같은 풍경을 그려내는 반영은 놀랍고 아름답다. 바람이 불어 수면에 작은 일렁임이라도 일지 않는다면 어떤 것이 실제고 어떤 것이 반영인지 구분하기 힘들 정도다.

청송 주산지도 물에 비친 나무들의 반영으로 사람들의 시선을 사로잡는데, 세량제는 주산지와 분위기가 많이 다르다. 주산지는 깊고 고요해 엄숙한 분위기가 감도는 반면 세량제는 밝고 가벼우면서 따뜻하다.

사진작가들에 의해 세상에 알려지기 전까지만 해도 세량제는 논에 물을 대려고 만들어 놓은 작은 저수지에 불과했다. 하지만 요즘은 사진 찍는 사람들이 즐겨 찾는 '출사 여행지'로 명성을 떨치고 있다. 산벚꽃이 필 때면 해가 뜨기도 전에 저수지 제방이 사람들로 가득 찬다. 모두 삼각대를 세우고 사진 찍을 준비를 하느라 여념이 없다.

몇 년 전에 화순군에서는 세량제 일대에 공동묘지를 만들 계획을 세웠었다. 하지만 그림 같은 풍경을 사랑하는 사람들의 발길이 잦아지고, 사진 동호인들이 화순군청 홈페이지에 반대의 글을 올리는 등 적극적으로 나선 덕분에 화순군의 공동묘지 사업에 제동이 걸렸다. 한동안 사업 추진을 놓고 논란이 있었지만, 결국 세량제를 보존하기로 했다. 사라질 뻔했던 그림 한 점이 보존 된 셈이다. 세량리 사람들은 마을 입구에 '사진 동호인 여러분의 세량제 방문을 환영합니다'라고 쓴 현수

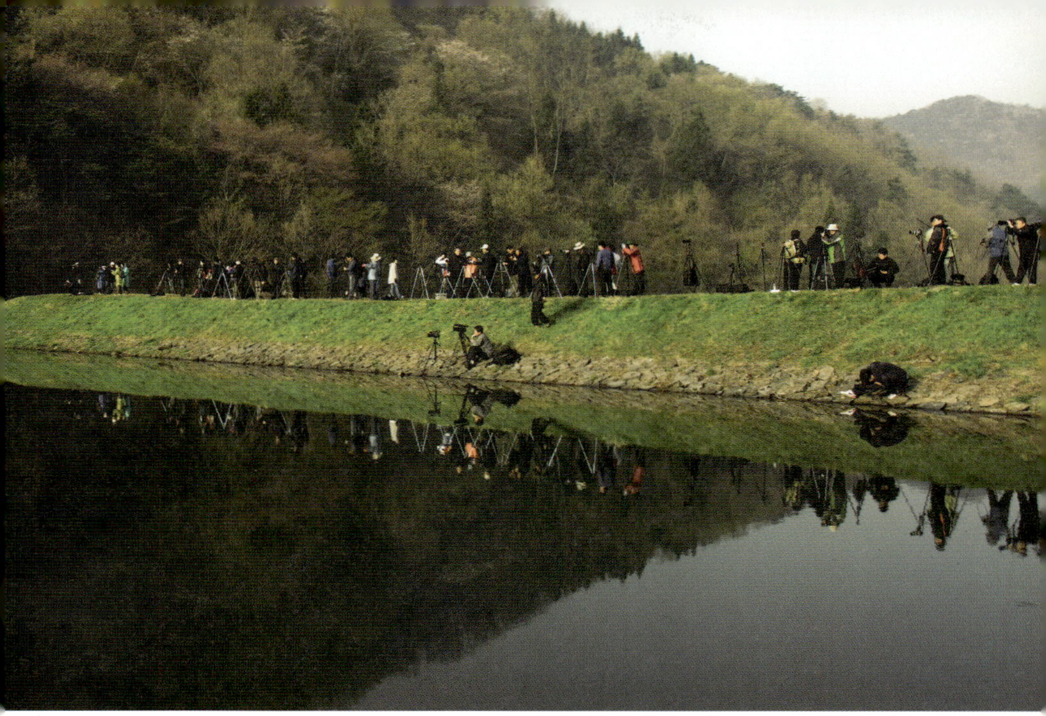

무엇이 그들을 이끌었을까? 마치 의식을 치르듯 제방에 늘어선 사진가들과 그 반영이 이채롭다.

막을 걸어 세량제를 지켜준 사람들에게 고마움을 전하고 있다.

소박한 농촌 풍경 하나가 사람들을 열광시키고 누구에게나 사랑받는 것을 보면 아름다움을 보는 눈은 다들 비슷한가 보다. 대상이 무엇이든 아름다운 것은 마음에 파문을 일으키게 마련이고, 사람들은 그것을 찾아 나선다.

이쯤에서 사진 한 장

봄에는 특히 세량제 풍경을 찍으러 오는 사람이 많아서 좁은 제방에 두세 줄씩 늘어서서 사진을 찍는다. 제방 어느 곳에서 촬영하든 차이는 크지 않다. 다만 인물 사진을 찍을 때 배경과 인물을 같은 눈높이에서 담는 것이 보기 좋다. 해가 뜰 때는 역광이므로 플래시를 터트리는 것이 좋다.

새벽 어둠을 뚫고 세량제 풍경을 만나러 가는 길. 이미 많은 사람이 해가 뜨기를 기다리고 있다.

여행 즐기기

❶ 세량제는 산벚꽃이 만발하는 봄과 단풍이 드는 가을에 절정을 맞는다. 이 시기에 가장 많은 사람이 찾는데, 어떤 사람은 사진 찍기 좋은 자리를 차지하기 위해 텐트를 치고 밤을 새는 열성을 보이기도 한다. 한적한 여행을 원한다면 벚꽃이 진 다음에 가는 것이 좋다.

❷ 반드시 봄·가을이 아니라도 새벽에 찾아가면 물안개를 볼 수 있다. 물안개는 해 뜨기 직전에 저수지 수면에서 조금씩 일다가 햇볕이 들기 시작하면 타오르듯 수면 위로 오르고, 해가 완전히 뜨면 없어진다. 그러니 물안개를 보려면 꼭 새벽에 가야 한다.

❸ 예전에는 저수지 위까지 차가 들어갈 수 있었는데 최근에는 많은 인파가 몰리는 탓에 세량제 입구에 차단기를 설치했다. 조금 수고스럽더라도 마을 어귀에 차를 두고 걸어가자.

❹ 세량리에서 도곡 방향으로 가면 도곡 온천 지역이 나오고, 가까이에 천불천탑과 와불로 유명한 운주사가 있다. 세계문화유산으로 등록된 고인돌공원도 둘러보자.

❺ 광주시로 들어서면 무등산이 있고, 무등산을 넘으면 대나무의 고장 담양이다.

광주광역시

주소	전라남도 화순군 화순읍
내비게이션 검색	'세량제'
GPS 좌표	경도 126° 55' 16.71" 위도 35° 4' 32.94"

교통

대중교통 광주광천터미널 건너편에서 버스를 타고 광주대학교 입구에서 내린 다음, 진월 177번 버스를 갈아타고 세량리에서 내린다. 버스정류장에서 세량제까지는 걸어서 20분 정도 걸린다. 광주대학교 앞에서 택시를 타면 요금은 3000원 정도 나온다.

자가용 광주시 → 진월동 → 817번지방도(화순·도곡방향) → 광주대학교 → 칠구재 터널지나 약 2km → 오른쪽 세량리 진입로 → 오른쪽 농로따라 U턴 후 1km → 오른쪽 굴다리 지나서 주차 → 한우농가 지나 10분 도보 → 세량제

여행정보

● 화순군 문화관광 061-375-0101, http://hwasun.go.kr ● 광주터미널 062-360-8800

누구라도 동화 속 주인공이 되는 날

목장 안의 길을 따라 언덕을 오르면 작은 오두막들이 그림처럼 놓여 있다.
이곳에서 많은 사람들이 추억을 담고 간다.
양떼목장에서는 어른, 아이 할 것 없이 누구나 동화 속의 주인공이 된다.

통통한 몸매로 뒤뚱거리며 열심히 풀을 뜯는 양들에게 다가간다. 복스러운 털을 어루만져도 싫다는 내색 없이 그저 오물조물 풀을 씹기에 여념이 없다. "어머, 정말 순하다"라는 말이 절로 나온다. 그러고 나면 어김없이 양과의 조우를 기념하는 꼬릿한 냄새가 손에 남는다. 가족여행의 대표 장소이자 연인끼리 손잡고 즐거운 한때를 보낼 수 있는 곳, 바로 대관령 양떼 목장에서만 담을 수 있는 추억의 한 장면이다.

대관령 옛길구 영동고속도로 대관령 휴게소 뒤편에 자리한 이곳은 원래 '풍전목장'이었는데, 드라마 촬영지로 유명해 지면서 '양떼목장'으로 이름을 바꾸었다. 이후 양떼목장은 목장으로서의 기능은 물론 관광지로도 자리 매김하게 되었다.

넓은 초지와 나지막이 능선에 걸쳐 흐르는 구름, 동글동글한 양들이 떼를 지어 한가로이 풀을 뜯는 모습은 몹시 이국적이다. 눈으로 보는 풍경도 멋진 데다가 양들에게 먹이 주는 체험도 할 수 있어 아이들과 함께하기에 안성맞춤이다. 목장 안의 길을 따라 언덕을 오르면 작은 오두막들이 그림처럼 놓여 있다. 이곳에서 많은 사람들이 추억을 담고 간다. 저마다 양치기가 된 듯이 동화 속 풍경으로 빠져든다. 초원에는 밝은 미소만이 구름처럼 둥둥 떠다닌다.

어디선가 양치기의 외침이 들려오자 양들이 줄을 지어 이동한다. 비뚤어지지 않고 가지런히 줄 맞춰 걸어가는 모습이 귀엽고 신기하다. 그런데 그 모습을 자세히 살펴보니 양들은 걸어가면서도 쉴 새 없이 입을 움직이고 있다. 오물조물 풀을 씹고 있는 입모양을 보면 저절로 웃음이 나온다.

순하디 순한 양들과 함께하는 하루는 조금도 지루하지 않다. 시간 가는 줄 모르고 양들과 놀다 보면 어느덧 뉘엿뉘엿 해가 넘어간다. 양떼목장에서 감상하는 해넘이 역시 무척 이국적이다. 돌아가는 길이 급하지 않다면 느긋한 마음으로 대관령의 저녁 노을을 카메라에 담아보자. 푸른 초원에 감도는 은은한 저녁빛이 사진에도 곱게 물들 것이다.

 **이쯤에서 사진 한 장**

매표소를 지나 왼쪽으로 산책로를 따라가서 언덕에 다다르면 나무로 만든 작은 세트장이 있다. 이 오두막을 배경으로 주변 풍경과 함께 촬영해 보자.

해발 950m의 양떼목장 정상에서 감상하는 해넘이는 무척 이국적이다.

양들이 침묵하는 순간은 오로지 먹을 때뿐이다. 그 모습이 너무나 귀여워서 안 만지고는 못 배긴다.

여행 즐기기

❶ 대중교통을 이용해 양떼목장을 찾아가는 길은 택시뿐이다. 횡계터미널에서 택시를 타면 10분 정도 걸린다.

❷ 대관령의 날씨는 변덕스럽다. 미리 날씨를 알아보고 가도 때에 따라 먹구름이 몰려들었다가 다시 새파란 하늘이 나오는 등 종잡을 수 없는 날도 많다. 환절기에는 덧입을 옷을 챙겨 가고, 여름에는 작은 우산을 준비하면 좋다.

❸ 이른 아침이면 안개가 자욱한 목장풍경이 멋지고, 저녁에는 목장 정상에서 조망하는 일몰이 아름답다. 봄, 여름, 가을은 푸른 초지를, 겨울에는 눈으로 하얗게 뒤덮인 목장의 다른 모습을 볼 수 있다.

❹ 대관령하면 뭐니뭐니해도 황태다. 한겨울에 얼었다 녹기를 반복하며 말려진 황태는 구수하고 깊은 맛으로 강원도의 대표 특산물이 되었다. 인근의 황태 덕장에 들러 황태 맛도 보고, 푸른 하늘 아래 황태를 말리는 덕장 풍경을 구경하는 것도 좋다.

❺ 주변에 있는 대관령 삼양목장에도 들러보자. 거대한 풍력발전기와 초원을 볼 수 있다. 진부로 가면 월정사와 상원사를 둘러 볼 수 있고, 강릉으로 넘어가면 동해의 푸른 바다가 기다린다. 가을철에는 횡계로 오기 전 봉평의 메밀꽃을 보는 코스도 좋다.

주소	강원도 평창군 도암면
내비게이션 검색	'대관령양떼목장'
GPS 좌표	경도 128° 45' 25.59" 위도 37° 40' 55.97"

교통

대중교통 강릉 행 버스를 타고 횡계버스터미널에서 내린다. 양떼목장까지는 다른 교통편이 없으므로 택시를 타야 한다(편도 요금 약7000원).

자가용 영동고속도로 횡계나들목 → 456번지방도 → 구 영동 고속도로 옛 대관령 휴게소 위 주차장 → 도보 500m

여행정보

- 양떼목장 관람시간 09:00~18:00(11월~4월은 17:00까지), 명절 휴무
- 양떼목장 033-335-1966 ● 평창문화관광 www.yes-pc.net

저 섬들을 넘나들며 어디 한번 날아 볼까

매일 보아도 질리지 않을 것 같은 풍경.
하나하나 헤아리기도 어려운 많은 섬들이 손짓을 한다.
날 수만 있다면, 가까이 가고 싶은 마음 간절하다.

팽목항에서

배를 타고, 크고 작은 섬을 지나 어류포항에 도착했다. 하조도에 배가 닿자마자 제일 먼저 도리산 전망대로 향했다. 그곳에서 바라보는 다도해 풍경이 궁금했기 때문이다. 섬이 많아 높은 곳에서 내려다보면 마치 한 무리의 새떼가 모여 있는 것처럼 보인다는 곳, 그래서 '조도鳥嶋'라는 이름으로 불리는 곳……. 수많은 섬이 바다 위에 떠 있는 모습을 머릿속에 그려 보며 발걸음을 산으로 옮겼다. 전망대로 가는 동안 눈길 닿는 곳마다 흐드러진 야생화가 더욱 마음을 들뜨게 한다.

도리산 전망대에 올라 푸른 바다에 촘촘히 박힌 수많은 섬을 본 순간, 나는 단박에 마음을 사로잡히고 말았다. 가슴이 들떠 새라도 된 기분이었다. 날개를 펴고 이 섬, 저 섬으로 날아다닐 수도 있을 것 같다. 조도에서 가장 환상적인 풍경을 보았으니 다른 곳은 굳이 돌아보지 않아도 될 것 같다는 생각마저 든다. 저 섬들이 여행자의 발을 묶어 버렸다. 해가 중천에 떠오를 무렵, 다도해 국립공원 조도분소 직원이 관광객에게 이모저모 친절하게 설명해 주었지만, 그의 설명도 귀에 잘 들어오지 않는다. 섬 하나하나의 이름이 무엇인지는 중요하지 않을 만큼 이미 풍경에 취해 버린 까닭이다.

한참을 바다만 바라보다 전망대에서 내려왔다. 조도 등대까지 트래킹을 하며 작은 섬을 구석구석 돌아본다. 한가로이 풀 뜯는 염소들, 지천으로 널려 있는 봄 쑥, 그리고 조도 앞바다를 채우고 있는 톳 양식장들이 이곳이 새들의 섬이 아니라 사람이 모여 사는 섬이라는 사실을 말해주는 듯하다.

조도는 작은 섬이지만 섬과 섬이 어깨를 나란히 하고 있는 바다 전체를 품고 있다. 사람들은 바다를 믿고 살아가고, 섬들이 팔을 벌려 안고 있는 바다는 평화로웠다. 시간이 허락되는 한 이곳에 오래 머물고 싶다. 매일 보아도 질리지 않을 것 같은 풍경을 뒤로 하고 팽목항으로 돌아오면서, 언제쯤 다시 이 섬에 올 수 있을지 생각해 본다. 도리산에서 본 다도해 풍경이 벌써 그립다.

이쯤에서 사진 한 장

도리산 전망대에서 다도해를 배경으로 촬영하거나, 하조도 운림정에 올라 등대와 다도해를 배경으로 촬영하면 멋지다. 하조도에서 조도대교를 넘으면 바다 사이에 도로가 있는데, 물이 빠지면 길 양쪽에 갯벌이 드러난다. 물때에 맞춰 이 길 위에서 사진을 찍어 보자.

바다를 믿고 사람들은 살아간다.

평생을 한 곳에서 살아야 하는 등대도 혹시 새가 되어 이 섬, 저 섬 날고 싶진 않을까?

여행 즐기기

❶ 조도를 하루 만에 다 돌아보는 것은 불가능하다. 조도등대와 신전해수욕장, 도리산 전망대에서는 조도대교 방향으로 장엄한 일몰을 볼 수 있으며, 하조도 돈대산 전망대와 어류포항에서는 일출을 볼 수 있다. 일출과 일몰이 모두 멋지니, 먼 길을 간 김에 넉넉하게 일정을 잡고 모두 보기를 권한다. 도리산 전망대에서 봤을 때 왼쪽 조도대교 방향으로 해가 지며, 어류포항에서 봤을 때 상조도 방향에서 해가 뜬다. 이 시간을 잘 파악해 움직이는 것이 좋다.

❷ 어류포항에는 다도해 국립공원 조도분소가 있으니, 이곳에 먼저 들러 조도에 관해 자세히 물어보고 여행을 시작하는 것도 좋다.

❸ 봄철에는 많은 사람들이 관광보다 쑥 캐는 데 더 열심이라는 얘기가 있을 정도로 쑥이 유명한 곳이다. 그밖에 무와 톳, 전복 등이 조도 특산물로 꼽힌다.

❹ 조도 옆에는 관매8경으로 유명한 관매도가 있는데 어류포항에서 하루 두 번 배가 있다.

주소	전라남도 진도군 임회면
내비게이션 검색	'팽목항'
GPS 좌표	경도 126° 8' 25.69" 위도 34° 22' 21.22"

교통

대중교통 진도 공용터미널에서 시외버스를 타고 팽목으로 간 다음, 팽목항에서 여객선을 타고 섬으로 들어가면 된다.

자가용 서해안고속도로 목포나들목 → 영암방조제 → 금호방조제 → 77번국도 → 해남군 문내면 → 진도대교 → 18번국도 → 진도읍 → 임회면 팽목항 → 여객선 → 하조도 어류포항

여행정보

- 진도군청 www.jindo.go.kr, 관광진흥과 061-540-3219
- 진도군 조도면사무소 061-540-3457 ● 조도인포 www.jodo.info
- 진도 공용버스정류장 061-544-2141 ● 팽목항 여객선 매표소 061-544-5353
- 조도 고속훼리 여객선 운항시간 안내(조도농협) 061-542-5383~5
- 진도터미널 061-542-7789

그 누가 연둣빛 융단을 펼쳐 놓았나

옥화 한 잔 기울이니 겨드랑이 몸은 가벼워 하늘로 날아오르네.
밝은 달로 촛불 삼고 나의 벗 삼아 흰 구름으로 자리 펴고 병풍 두르리라.
- 초의선사의 『동다송東茶頌』 중 16송

이른아침, 잘 자란 삼나무들이 길게 늘어선 길을 걸어 들어간다. 코끝에 나무향과 흙냄새가 진하게 감돈다. 삼나무 숲길이 끝나면 산자락에 조성된 아름다운 차밭이 눈앞에 펼쳐진다. 단정하게 머리를 깎고 줄 맞춰 앉아 있는 차나무 모습이 녹색 정원 같기도 하고, 비스듬히 깔아 놓은 고운 융단 같기도 하다.

보성은 우리나라 차茶 생산의 최적지로 손꼽히는 곳이다. 전국 차 생산량의 40%가 이곳에서 나온다. 자동차를 타고 보성에 들어서면 산자락 곳곳에 굽이치는 초록 물결에 눈부터 즐겁다. 활성산 허리를 휘감아도는 여러 차밭 중에서도 대한다업의 제1다원이 규모가 크고 아름답기로 소문 나 있다. 대한 1다원은 차밭 만큼이나 초입의 삼나무 숲길도 유명하다. 좁다란 흙길은 잠시 후 펼쳐질 풍경에 대한 기대와 호기심을 자극한다.

숲길을 지난 걸음은 이윽고 차밭에 다다르고, 구불구불 이어진 길은 언덕을 오른다. 그리 가파른 길은 아니지만 걷다가 잠깐씩 숨을 고르며 뒤를 돌아보자. 초입에서 위로 올려다본 풍경이 다르고, 중턱에서 바라보는 풍경이 다르고, 언덕 꼭대기에서 내려다보는 풍경이 또 다르다. 영화, 드라마, CF의 촬영지로 유명세를 타서 해마다 많은 관광객이 보성을 찾지만, 시간이 흘러도 사람들의 발길이 끊이지 않는 것은 늘 새로운 풍경이 기다리고 있기 때문이다.

차밭에서 내려오는 길에는 휴게소에 들러 그윽한 녹차 향을 음미해 보는 것도 좋겠다. 우리나라에 다도茶道의 개념을 정립한 초의선사草衣禪師, 1786~1866는 다선일미茶禪一味 사상을 통해 차 안에 부처의 진리와 명상의 즐거움이 녹아 있다고 했다. 푸른 차밭을 바라보며 마시는 차 한 잔. 그 속에 녹아 있는 여유를 즐기다 보면 어느새 자연에 더 가까이 있는 나를 발견하게 된다.

이쯤에서 사진 한 장

다원을 관통하며 오르는 나무계단을 통해 올라가면 왼편에 무덤이 보이고 그 위로 전망대가 있다. 이 전망대에서 다원을 배경으로 인물을 촬영해 보자. 여기서 좀더 올라가 차나무 사이에 들어가서 촬영해도 좋은데, 이때는 차잎이 다치지 않게 조심하자. 다원 정상에서 왼편을 바라보면 차밭 사이로 삼나무 길이 나 있다. 이 삼나무 사이에 인물을 배치하고 길 끝에서 촬영해도 좋다.

연두빛 융단을 보러 가는 길에 호위병처럼 곧게 뻗은 삼나무들

동화 속 풍경 같은 보성 다원은 다양한 영화와 CF에 단골로 등장하는 장소가 됐다.

여행 즐기기

❶ 차밭은 새잎을 따는 봄에 가장 아름답다. 이른 아침 햇살에 빛나는 차 잎은 보석처럼 반짝인다. 운이 좋다면 차 잎을 따는 아주머니들의 모습을 카메라에 담아볼 수도 있다. 그리고 봄에는 삼나무 사이로 얼굴을 내민 벚꽃도 볼 수 있다.

❷ 입구의 삼나무 길을 천천히 올라가다 보면 휴게소가 나오고, 휴게소 뒤편 산자락에 차밭이 펼쳐진다. 차밭 가운데 있는 계단을 통해 오를 수도 있고, 휴게소 뒤편으로 나 있는 삼나무 길을 통해 갈 수도 있다. 정상 부근에 있는 나무 의자에서 바라보는 차밭 풍경이 일품이다. 다원을 구경하고 내려오면서 휴게소에서 들러보자. 따뜻한 차를 한 잔 들거나 차 잎을 이용한 음식을 맛볼 수 있다. 여기서 다양한 차 생산품도 구입할 수 있다.

❸ 보성다원에서 율포 가는 길에 봇재 정상의 휴게소에서 바라보는 봇재다원도 아름답다. 대한 1다원에 비해 좀더 웅장한 풍광을 자랑한다. 율포로 넘어가면 시원한 바닷가가 펼쳐지고 인근에 해산물 음식점이 많다.

❹ 율포에서 회천서초교를 지나 895번 지방도를 따라가다 보면 대한 2다원이 나오는데, 최근 들어 많은 관광객이 찾고 있다. 이곳은 1다원과 다르게 평지에 조성되어 있고, 다원 중간에 있는 삼나무길이 인상적이다. 1다원에 비해 한적한 대신 편의시설은 거의 없다.

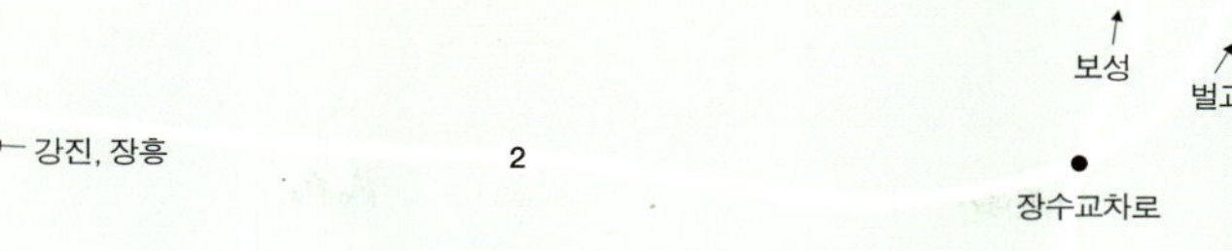

주소	전라남도 보성군 보성읍 봉산리
내비게이션 검색	'대한다원' '대한다업'
GPS 좌표	경도 127° 5' 15.46" 위도 34°42' 43.67"

교통

대중교통 보성시외버스터미널에서 율포 행 버스를 타고 대한다업 앞에서 내리면 된다(30분 간격 운행, 15분 정도 소요).

자가용 호남고속도로 동광주나들목 → 광주(화순) 외곽순환고속도로 → 29번국도(능주, 보성, 장흥 방향) → 미력삼거리 → 18번국도(회천, 장흥 방향) → 용문삼거리 → 보성 주공 APT 삼거리 → 대한 다업(주)

여행정보

- 대한다원 061-852-4540 / 2595, www.dhdawon.co.kr
- 대한1다원 이용시간 06:00~19:00(동절기 07:00~18:00)
- 보성공용터미널 061-852-2777

청보리 물결 일렁이면 마음도 느긋해진다

보리밭 사이 길로 걸어가면 뉘 부르는 소리 있어 나를 멈춘다
옛 생각이 외로워 휘파람 불면 고운 노래 귓가에 들려 온다
돌아보면 아무도 뵈지 않고 저녁놀 빈 하늘만 눈에 차누나
– 박화목의 시 '보리밭'

학원농장은 전 국무총리 진의종 씨 부부가 1960년대 초반 야산 10만여 평을 개간하여 설립했다. 처음에는 뽕나무, 수박, 땅콩 등을 재배하다가 1990년대 초에 그의 아들이 귀농해 보리를 심어 가꾸기 시작했다. 지금은 봄, 여름, 가을에 각각 청보리, 해바라기, 메밀을 가꾸어 꽃이 만발할 때 축제를 연다. 계절마다 씨 뿌리고 수확하기가 쉬운 일이 아닐 텐데, 입장료도 받지 않고 농장을 개방해 축제를 연다니, 이곳 사람들의 마음 씀씀이가 넓은 보리밭만큼이나 넉넉하다.

고창의 청보리는 4월부터 5월 초까지가 가장 아름답고, 5월 중순으로 넘어가면 누렇게 익어 특유의 청량감이 덜하다. 하지만 늦봄, 가을처럼 금빛 물결이 이는 보리밭 풍경도 무척 인상적이다.

하늘거리는 보리밭 샛길을 걸어 언덕에 오르면 학원농장과 주변 풍경이 한눈에 들어온다. 광활한 초록 들판은 바라보기만 해도 가슴이 뻥 뚫린다. 흔히 보리밭하면 우리네 시골 정취가 생각나지만, 학원농장은 워낙 넓어서 이국적인 느낌마저 난다. 끝없이 펼쳐진 완만한 구릉에 철따라 이색적인 풍경을 보여주는 학원농장은 영화에도 여러 번 등장했다. 〈웰컴 투 동막골〉에 나온 메밀동산을 비롯해, 〈식객〉에서 주인공이 할아버지를 업고 산책하던 곳도, 소를 끌고 여주인공과 거닐던 해바라기 만발한 들판도 모두 학원농장이다.

학원농장에는 방문객들이 보리밭에서 추억을 담아갈 수 있도록 약 2km에 걸쳐 황토 산책로를 만들어 놓았다. 살랑 부는 바람을 맞으며 좁은 황톳길을 따라 보리밭을 거닐어 보자. 끝없이 펼쳐진 초록 물결에 마음이 편안해진다. 부드러운 바람과 적당히 따뜻한 봄기운은 걸음을 한층 느긋하게 만들어 준다. 이런 곳에서는 조금 게을러지고 싶다. 여기저기 볼거리 찾아다니느라 분주하기보다는, 보리밥에 풋고추 하나 된장에 찍어 먹고 이리저리 산책하다가 그늘에 들어가 낮잠을 자고 싶다.

 **이쯤에서 사진 한 장**

보리밭 안에 있는 초가 정자를 배경으로 하거나, 보리밭 샛길에 인물을 세워두고 멀리서 촬영한다. 이때, 인물 뒤로 넓은 보리밭이 보이게 하는 것이 관건이다. 영화 〈웰컴 투 동막골〉 촬영지 앞이나 〈도마뱀〉 촬영세트 앞에서 찍어도 좋다.

시원하게 펼쳐진 보리밭에 한적한 황톳길이 지난다.

아이에게 자연을 보고 느끼게 해주는 일만큼 소중한 것도 없다.

여행 즐기기

❶ 축제 기간에는 관광객이 많아 한적함을 느끼기 힘들다. 그러니 가급적 이른 아침에 돌아보는 것이 좋다. 봄이나 가을엔 아침 안개가 자욱하게 끼어 평소 보기 힘든 풍경이 연출되기도 한다. 청보리밭 산책로에는 그늘이 별로 없어서 한낮에 돌아보려면 모자나 양산을 준비하는 것이 좋다.

❷ 보리나 메밀이 절정에 다다르는 시기는 해마다 조금씩 다르다. 학원농장에 문의하면 여행일정을 잡는 데 도움이 된다. 농장 안에는 숙소가 황토민박 하나밖에 없는데, 축제기간에는 이용하기 힘들다. 최상의 시기는 한 번 놓치면 다시 일 년을 기다려야 하니 미리미리 준비하자.

❸ 학원농장에서 무장읍으로 나가면 동학운동의 중심지였던 무장읍성이 있다. 고창 방향으로는 풍천장어와 복분자로 유명한 선운사가 있으며 영광 방향으로 조금만 가면 영광 법성포에서 굴비를 맛볼 수 있다.

주소	전라북도 고창군 공음면
내비게이션 검색	'학원관광농원'
GPS 좌표	경도 126°32'42.56" 위도 35°22'20.16"

교통

대중교통 고창 버스터미널에서 선산마을 행 버스를 탄다. 계동 버스정류장에서 내려 10분 정도 걸으면 학원농장이다. 무장읍에서 택시를 타면 요금은 7000원 정도 나온다.

자가용 호남고속도로 정읍나들목 → 고창읍 → 796번지방도 → 무장 → 공음 방향으로 약 4Km → 계동 버스정류장 앞 좌회전 → 학원농장

여행정보

- 매년 4월~5월 30일 동안 청보리밭 축제, 매년 8월 해바리기 축제, 매년 9월 메밀밭 축제 개최
- 학원농장 www.borinara.co.kr ● 고창군청 www.gochang.jeonbuk.kr
- 고창터미널 063-563-3344

어찌 알았으랴, 이 밤 동해 바닷가에서, 맑은 달빛 마주한 채 옛 동산 그리워할 줄.
구름 잦아들고 바람 가라앉아 먼지 끊어지니, 바로 숨어사는 이 달구경하러 오는 때로다.
– 영덕 풍력발전단지 내 고산 윤선도 시비 중에서

바다 위 언덕, 바람 앞에 서다

풍력 발전기는 거대하다. 높이 80m, 날개 회전직경은 82m나 되는 이 거인 앞에 다가서면 '웅―웅―'하며 날개 돌아가는 소리에 압도당해 두려움이 인다. 동해의 강한 바람 앞에 마주한 풍력발전기는 거인국에 불시착한 소인이 된 듯한 착각을 불러일으킨다. 그런 착각 속에서 짧은 여행을 시작한다.

영덕 풍력발전단지에는 총 24기의 발전기가 가동되고 있다. 발전단지가 생기기 전에는 '영덕'하면 으레 대게부터 떠올리고 맛기행의 명소 정도로 생각되었지만, 지금은 상황이 달라졌다. 바다가 내려다보이는 언덕 위에 우뚝 서 있는 발전기는 다른 곳에서 볼 수 없는 독특한 풍경을 만들어냈고, 사시사철 불어오는 바람의 힘을 빌려 친환경 에너지까지 만들어내고 있다. 그 덕분에 영덕은 단숨에 동해안의 새로운 관광명소가 되었다. 아직은 여행자를 위한 편의시설이 부족하지만 이곳에서 만나는 환상적인 풍경은 그 정도의 불편은 기꺼이 받아들이게 만든다.

발전단지가 있는 언덕에서는 일출과 일몰을 모두 볼 수 있다. 이른 아침, 동해 바다에서 떠오르는 해를 보며 소원을 빌어도 좋고, 늦은 오후, 언덕 위에서 느긋하게 해지는 모습을 바라보아도 좋다. 해가 뜨고 짐에 따라 달라지는 하늘빛에 발전기도 조금씩 다른 모습을 보여준다.

때로 강한 바람 앞에 서면 제 몸 하나 가누기도 힘들 때가 있다. 이 언덕에는 바람을 피해 숨을 곳도 없다. 그러나 피하는 것보다 마주 서는 것이 가슴속을 후련하게 해줄 때도 있다. 거센 바람 앞에 제 역할을 충실히 하는 풍력발전기를 보며, 두 손 활짝 벌리고 바람을 맞아 보자. 이내 동해 푸른 바다가 가슴속으로 들어온다.

 **이쯤에서 사진 한 장**

풍력발전단지에 다다르면 휴게소가 있는 삼거리가 나오고 이어서 오른쪽으로 전망대가 나온다. 전망대에 올라 사진을 찍어보자. 이른 아침이면 해돋이를, 오후에는 해넘이를 풍력발전기와 함께 담으면 멋지다. 단, 풍력발전기가 크므로 광각렌즈를 이용해 인물은 최대한 가까이에 두고 촬영하는 것이 포인트다.

풍력발전기를 뒤에 두고 팔을 벌리면 동해 푸른 바다가 가슴속으로 들어온다.

여행 즐기기

❶ 풍력발전기를 배경으로 떠오르는 태양을 바라보는 순간의 감동은 특별하다. 또한 산등성이를 넘어가는 일몰도 멋지므로 일출이나 일몰 중 하나는 꼭 보고 가자.

❷ 멋진 사진을 찍고 싶다면 구름 한 점 없는 맑은 날보다는 흰구름이 걸려 있는 날이 좋다. 구름이 어느 정도 있어야 일출이나 일몰이 멋지고 사진을 찍었을 때 심심해 보이지 않기 때문이다. 특히 비가 온 다음날, 멀리까지 맑고 깨끗한 시야가 확보되어 여행하기도, 사진 찍기도 좋다.

❸ 풍력발전단지는 해맞이공원에서 약 3km 거리에 있다. 강구항에서 택시를 이용하면 두 곳 다 편하게 돌아볼 수 있다.

❹ 11월 말에서 이듬해 5월까지는 대게가 제철이어서 관광객이 많이 몰린다. 맛있는 대게를 맛보려면 이때가 좋고, 사람이 북적거리는 것이 싫다면 대게철은 피하자.

❺ 풍력발전단지에서 강구항 방향으로 3km 가면 바닷가에 창포말 조형등대가 있는 해맞이 공원이 나온다. 여기서 다시 10km 가면 드라마 〈그대 그리고 나〉의 촬영지인 강구항이다. 이곳에는 '대게거리'가 조성되어 있어서 맛기행 장소로도 유명하다.

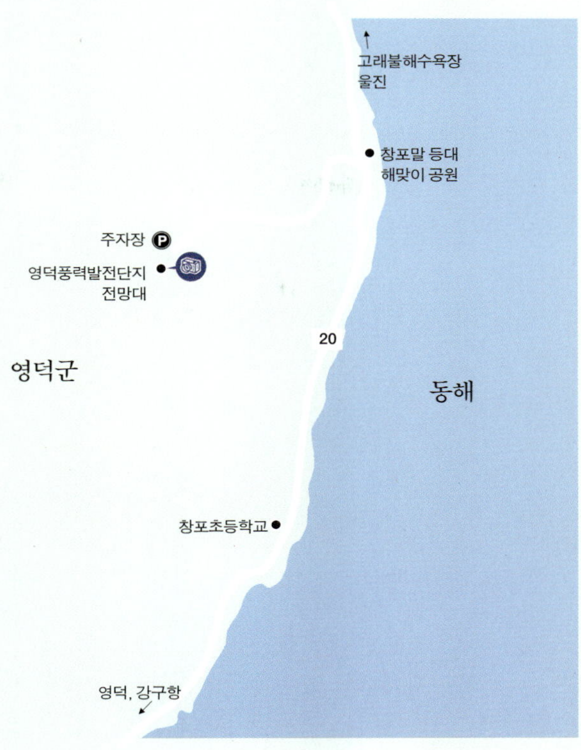

주소	경상북도 영덕군 영덕읍 창포리
내비게이션 검색	'창포말 등대' '해맞이 축구장'
GPS 좌표	경도 129°25' 21.86" 위도 35°25' 18.98"

교통

대중교통 먼저 영덕으로 간 다음, 영덕버스터미널에서 창포 방향 버스를 타고 풍력발전단지 앞에서 내린다(하루 7회 운행, 15~20분소요). 영덕버스터미널에서 택시를 타면 약 20분이 걸리고 요금은 13000원 정도 나온다.

자가용 중앙고속도로 안동나들목 → 34번국도 → 영덕읍 → 7번국도 → 영덕시외버스터미널 좌회전 → 해맞이공원 → 창포말 등대 지나 좌회전 → 풍력발전단지

여행정보

- 매년 12월31일~1월1일 해맞이축제 개최 ● 매년 4월경 영덕대게축제 개최
- 영덕풍력발전(주) 054-727-5212-3 ● 영덕군 문화관광과 054-730-6396
- 영덕터미널(주) 054-732-7673 ● 강구버스터미널 054-733-9613

명상이 흐르는 좌대에서 물고기도 사람도 세월을 낚는다.

고요하고 깊은 명상의 시간이 흐르는 곳

제법 쌀쌀한 새벽 공기를 마시며 어둠이 가시지 않은 저수지를 돌아본다. 희미하게 보이는 좌대들과 산자락. 날씨가 싸늘한데도 좌대에는 꽤 많은 낚싯대가 걸려 있다. 사방은 고요하고 저수지와 좌대 곁에는 깊은 명상의 시간이 흐른다. 천천히 날이 밝기를 기다리며 한 손에는 셔터 릴리즈를 쥐고 다른 손으로는 진한 커피를 한 모금 마신다.

예당 저수지는 홍문평야에 물을 대기 위해 예산군과 당진군에 걸쳐 조성되었다. 1929년 착공되어 8·15 광복 전후 공사가 중단 되었다가, 1946년 재개되어 1963년에 완공되었다. 공사기간이 길었던 만큼 규모도 대단해서 '전국 최대'라는 타이틀도 얻었다. 언뜻 보아서는 어디가 끝인지 알 수 없는 이 저수지는 예당 관광지 안에 있는 팔각정에서 바라보아야 그 넓이를 짐작할 수 있다. 바다와 같은 저수지라고 하면 지나친 과장일까?

저수지가 있는 예당 관광지는 조각공원을 비롯해 야영지와 산책로 등이 다양하게 마련되어 있고, 낚시용 좌대까지 잘 갖춰져 있어서 온가족이 함께 즐기기 좋다. 낚시는 얼마전까지만 해도 일부 마니아만이 즐기는 취미였지만 요즘은 남녀노소 구분 없이 대중적인 인기를 끌고 있다. 예당 저수지는 오래전부터 담수어의 먹이가 풍부해 낚시터로 각광받고 있으며, 특히 민물낚시를 즐기는 사람들은 한 번쯤 이곳을 꼭 찾는다. 낚시하는 것을 두고 종종 세월을 낚는다고 표현한다. 팔뚝만한 붕어를 낚는 손맛도 일품이지만 조용한 저수지를 바라보며 사색의 시간을 가져도 좋을 만큼 예당 저수지는 은근한 깊이가 있다. 꼭 낚시를 하지 않더라도 계절마다 달리 보이는 저수지 풍경은 언제 보아도 질리지 않는다.

 **이쯤에서 사진 한 장**

아침이슬을 머금은 호수를 찍으려면 팔각정에서 호수를 배경으로 촬영하면 된다. 청소년 야영장 앞 물가 쪽에서 저수지와 좌대를 배경으로 찍는 것도 포인트. 이른 아침에는 노출이 매우 부족하기 때문에 삼각대를 이용해 촬영하는 것이 안전하다.

동트기 전 물안개가 피어오를 무렵 저수지의 모습은 한 폭의 수묵화처럼 깊고 그윽하다.

여행 즐기기

1. 예당 관광지에 들어서면, 주차장을 기준으로 야영지와 조각공원 그리고 카페와 낚시를 할 수 있는 좌대들이 흩어져 있다. 낮에는 공원을 둘러보며 산책을 하고 새벽엔 낚시를 하는 것도 예당 저수지에서만 누릴 수 있는 즐거움이다.

2. 다양한 꽃과 나무들이 기지개를 켜는 봄과 오색단풍이 저수지를 물들이는 가을, 얼음이 얼면서 주위가 온통 하얗게 변한 겨울 모두 이곳을 즐기기 좋은 시기이며, 이른 아침 물안개 사이로 보이는 일출은 환상적이다.

3. 유명 낚시터답게 곳곳에 붕어찜을 비롯한 민물고기 음식점이 많은데 얼큰한 맛의 매운탕과 함께 술 한잔하는 즐거움도 맛볼 수 있다. 예전부터 동산교 부근은 낚시가 잘되는 곳으로도 알려져 있고, 대흥면 일대와 응봉면 평촌리는 좌대낚시가 유명하다.

4. 예산군에서는 버스 투어를 이용해 예산 일대의 관광지를 돌아보는 프로그램을 시행하고 있다(4월~11월에만 운영).

5. 덕산면 사천리에 백제시대 고찰 수덕사가 있으며, 신암면 용궁리에 조선후기 대표 실학자이자 서예가인 추사 김정희의 고택이 있다. 근처에 있는 충의당은 매헌 윤봉길 의사가 나고 자란 곳이자 망명하기 전까지 활동했던 곳에 조성한 기념관인데, 매헌의 일대기를 관람 할 수 있다. 인근 덕산 온천에 들르면 여행의 피로도 씻을 수 있다.

주소	충청남도 예산군 응봉면
내비게이션 검색	'예당국민관광지'
GPS 좌표	경도 126° 48' 4.9" 위도 36°38' 5.19"

교통

대중교통 시외버스를 타고 예산으로 가면 예산버스터미널에서 예당 저수지로 가는 버스가 있다(하루 7회 운행, 30분 소요).

자가용 ▶ 경부고속도로 천안나들목 → 21번국도 → 예산 → 21, 32번국도 분기점 → 예당관광지

▶ 서해안고속도로 → 서해대교 → 송악나들목 → 32번국도 → 예당관광지

여행정보

● **예산군 버스투어** 매주 토요일 오전 10시 예산버스터미널 하나로 마트 앞에서 출발한다. 소요시간은 6시간 30분이며, 이용요금은 없으나 여행자보험 가입비가 1인당 1000원이다.

● 매년 3월말 예당 낚시대회 개최 ● 매년 10월말 경 또는 11월 초에 예당 사과축제 개최

● 예산군청 www.yesan.go.kr, 문화관광과 041-339-7312~4

● 예산버스터미널 041-333-2921

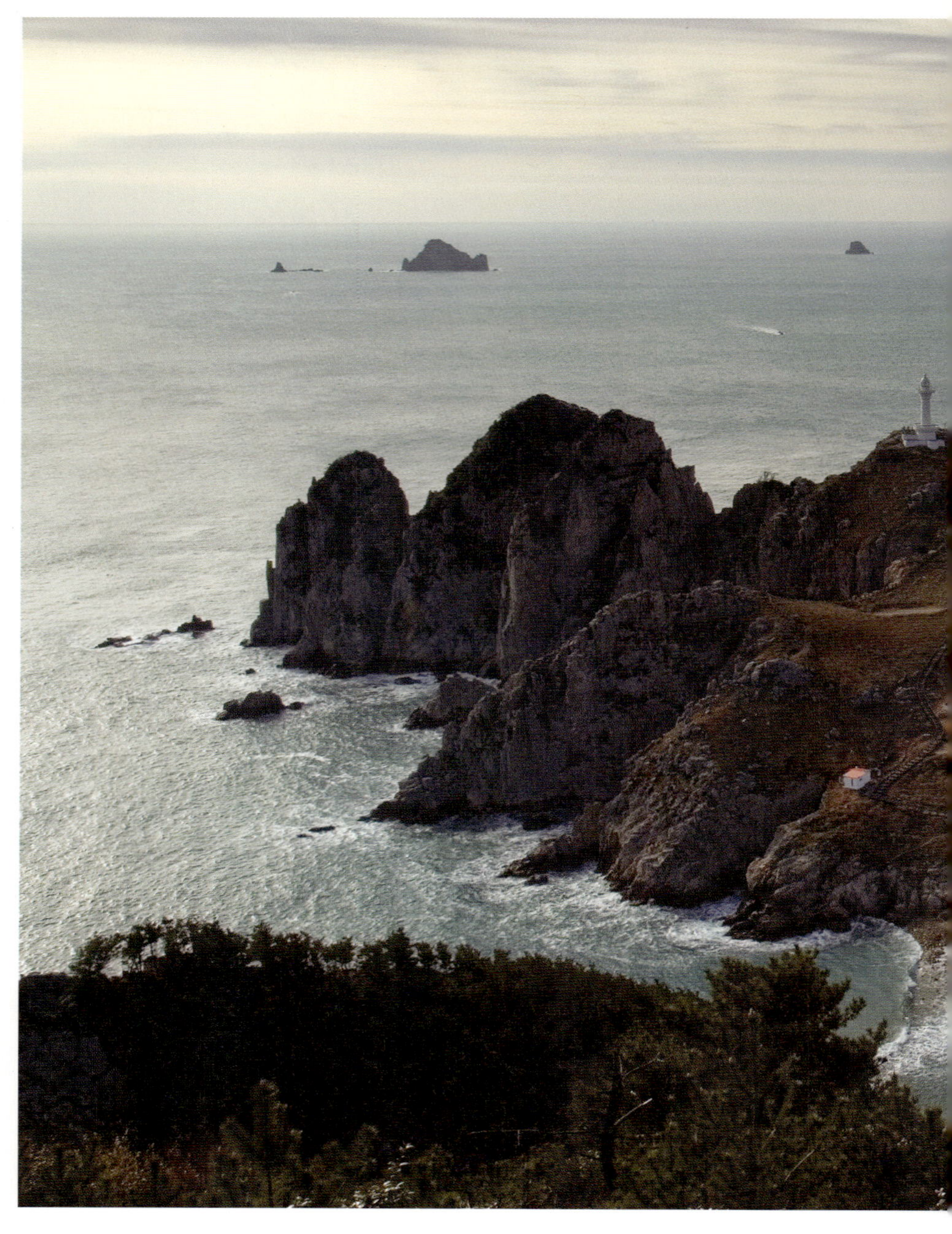

아름다운 곳에서는 있는 그대로를 보라

아무것도 없는 섬. 그렇기 때문에 더욱 가봐야 하는 섬, 소매물도.
가쁜 숨을 고르며 망태봉에 올라 바다와 섬을 내려다보는 순간,
그동안 왜 그렇게 많은 사람들이 소매물도를 예찬했는지 알게 된다.

그 섬은 공룡의 등에 붙어 있는 오각형 비늘 같은 모습을 하고 있다. 맨 처음 섬이 생겨났을 때는 어땠을까? 호빵처럼 두루뭉술한 모습이던 것이 바람과 거친 파도에 깎여 지금과 같은 모습이 된 것이 아닐까? 그동안 거친 풍파를 견뎌낸 시간은 얼마 만큼일까? 세월이 깎아 놓은 바위섬을 보면서 태초의 시간을 상상해 본다.

처음에는 사람들이 하도 소매물도, 소매물도…… 하고 노래를 부르기에 섬을 찾아 나서서 보기로 마음 먹었다. 그런데 그 섬에 무엇이 있느냐고 물으면 사람들은 소매물도에는 아무것도 없다고 대답한다. 도대체 어떻게 생긴 섬인지 궁금한 마음을 가득 안고 섬으로 가는 배에 올랐다. 선착장에 내려서도 궁금증은 쉬이 가시지 않았다.

소매물도는 정상인 망태봉에 오르지 않으면 섬의 모양을 알 길이 없다. 내 옆에서 같이 걷고 있던 몇몇 관광객은 선착장에서부터 내내 투덜거리며 망태봉을 향했다. 대체 이렇게 황량하기 이를 데 없는 섬이 무슨 관광지냐는 것이었다. 그랬다. 소매물도에는 정말 아무것도 없었다. 자연 그대로의 바위섬이 있을 뿐, 세상의 때라고는 조금도 묻지 않은 곳, 관광객을 위한 최소한의 편의시설도 마련되지 않은 곳. 아무것도 없는 섬……. 내내 투덜거리던 관광객들이 지나가자 옆에 있던 대학생 커플이 나직이 소곤거렸다. "원래 그런 섬인데."

그렇다, 소매물도는 원래 그런 곳이다.

소매물도는 애초에 자연보호구역에 속해 있는 데다가 개인이 소유한 섬이어서 도무지 '개발'하고는 거리가 먼 곳이다. 바리스타가 만들어낸 맛좋은 카푸치노도, 편하게 볼일을 볼 수 있는 화장실도, 바다의 풍미 가득한 음식도 없으며, 아늑한 침대와 편리한 샤워시설이 마련된 그림 같은 펜션도 없다. 한마디로 불편하기 짝이 없는 곳이다.

그럼에도 사람들이 이 섬을 찾는 이유는 메마른 마음을 촉촉하게 적셔 주는 자연의 힘이 있기 때문이다. 가쁜 숨을 고르며 망태봉에 올라 바다와 섬을 내려다보는 순간, 그동안 왜 그렇게 많은 사람들이 소매물도를 예찬했는지 알게 된다. 한없이 넓은 바다, 하얀 등대, 파도에 부대끼는 몽돌, 섬을 달구는 태양, 그리고 불어오는 바람까지 이곳의 모든 것들이 가슴속을 적셔 준다. 그 순간, 모든 불편함을 잊어버

소매물도 가는 길은 멀다. 그러나 다정히 손을 잡아 줄 사람이 있다면 이미 반은 간 것이나 다름없다.

리고 섬에 머물고 싶어진다.

여행을 하다 보면 이것저것 불편한 여행지가 많다. 그런데 불편함이란 스스로 만들어 내는 것이기도 하다. 작은 불편 하나를 드러내고 나면 이내 모든 것이 다 불편해진다. 반대로 있는 그대로 하나를 인정하면 모든 것이 자연스럽다.

아름다운 곳에서는 아름다움 그 자체를 보자. 그리고 마음속에 있는 것들을 끄집어내 그곳 풍경에 비춰보자. 마음속에 담아온 이야기, 여행지에서 담아갈 이야기, 나도 모르는 사이에 가슴속 깊이 자리 잡은 풍경……. 때로는 눅눅하게 젖어 있던 기분까지 꺼내 햇빛 아래 보송보송 말리는 것이 바로 여행길에 해야 할 일들이 아닐까. 그러고 나면 여행의 끝자락에는 평온함을 기대해도 좋을 것이다.

이쯤에서 사진 한 장

소매물도 폐교를 지나 망태봉 정상에 가면 등대섬을 조망할 수 있다. 여기서 촬영해도 되고 망태봉에서 등대섬으로 내려가는 길의 바닷가 절벽 가까이에 있는 나무 난간 쪽에서 등대섬을 바라보고 촬영해도 좋다. 반대로 등대섬에서 소매물도를 향해 촬영하는 것도 괜찮다.

이곳에는 등대섬과 기암절벽만 있는 것이 아니다. 숨어있는 섬의 모습을 찾는 것은 바로 여행자의 몫이다.

여행 즐기기

❶ 당일 여행이라면 간단한 먹을거리와 음료를 미리 준비해 가고, 1박을 하려면 미리 소매물도 안의 민박집에 예약을 하고 가는 것이 좋다. 섬에서 1박을 하면 아름다운 일출과 일몰을 볼 수 있다.

❷ 여름에는 소매물도와 등대섬 사이에 몽돌바닷길이 열리는데, 길이 열리는 동안 물놀이를 할 수 있고, 조금 깊은 곳에서는 스쿠버 다이빙도 즐길 수 있다. 선착장에서 등대섬까지 다녀오는 데는 3시간 정도 걸린다. 두 섬을 잇는 몽돌길이 열리는 시간이 계절에 따라 다르므로 미리 알아보고 가자(www.somaemuldo.com).

❸ 소매물도는 천혜의 갯바위 낚시터다. 봄·여름에는 참돔, 농어, 볼락, 돌돔이 올라오고 가을·겨울에는 삼치, 감성돔 등이 낚시꾼을 유혹한다.

❹ 소매물도 주변으로는 대매물도와 비진도가 있으며, 통영으로 나오면 통영항 인근에 강구항, 중앙시장, 서호시장, 동피랑마을, 통영운하 등이 펼쳐져 있다. 특히 서호시장 안에는 다찌집이 많고, 시락국밥, 충무김밥, 오미사 꿀빵 등 먹을거리가 풍부하다.

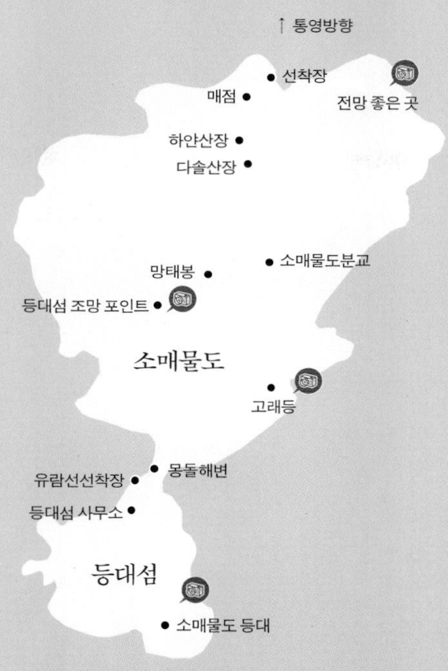

주소	경상남도 통영시 서호동
내비게이션 검색	'통영여객선터미널'
GPS 좌표	경도 128° 25' 18.85" 위도 34° 50' 13.65"

교통

대중교통 통영공영터미널에서 통영항이나 서호시장 방향으로 가는 버스를 타고 통영항에서 내린다. 통영여객터미널에서 소매물도로 가는 배는 1일 2회(07:00, 11:00(토·일), 14:00) 운항한다. 거제시 남부면 저구리에 있는 저구항에도 소매물도로 가는 배가 있다. 이곳에서는 1일 4회 왕복 운항하며 30분 걸린다.

자가용 남해고속도로 사천나들목 → 사천읍 → 33번국도 → 고성군 → 통영시 도산면 → 통영항

여행정보

● 통영시청 관광과 055-650-4610, http://tour.gnty.net ● 통영관광안내소 055-640-5245
● 통영 섬 관광 www.badaland.com ● 통영종합버스터미널 055-644-0017
● 통영여객터미널 055-644-0564 ● 매물도페리호 http://nmmd.co.kr

천년의 신비 속으로 들어가는 관문

제멋대로 휘어진 것들이 서로 다른 자유로움으로 모여 커다란 조화를 이룬다.
그 숲에서는 잠시 쉬었다 가는 사람도 숲의 구성원이 된다.
소나무처럼 멋대로 앉거나 자리를 깔고 누워 보자.
사르륵 바람 소리에 잠시 세상과 멀어지는 기분이 든다.

신라는 이미 역사 속에 묻혀버린 왕조다. 하지만 세계 역사를 통틀어 천년의 역사를 지닌 나라는 흔치 않다. 그런 저력을 지녔던 덕분일까, 경주에는 아직도 신라가 살아 있다. 경주시내 어디를 가나 마주치는 수많은 유적들이 천년이 넘는 생명력을 지니고 과거의 시간 속으로 우리를 안내한다.

삼릉숲은 남산금오산자락 삼릉골에 자리 잡고 있다. 신라 제8대 아달라왕, 53대 신덕왕, 54대 경명왕의 능이 나란히 모여 있는데, 그 모습이 마치 어린아이의 엉덩이를 나란히 붙여 놓은 것 같이 예쁘장하다. 삼릉 바로 오른쪽 옆의 개울을 건너면 55대 경애왕의 능도 있다. 삼릉숲이 예부터 지금까지 수려하게 보존되어 온 것은 이들 왕릉이 있었기 때문이다.

왕의 능역답게 솔숲 주변은 단정하고 점잖은 모습이다. 숲 안으로 들어서면 소나무 한 그루, 한 그루가 모두 당당한 자태로 서 있다. 제멋대로 휘어진 것들이 서로 다른 자유로움으로 모여 커다란 조화를 이루고 있다. 그 숲에서는 잠시 쉬었다 가는 사람도 숲의 구성원이 된다.

이른 새벽, 짙은 안개 사이로 모습을 드러낸 휘어진 소나무의 모습은 한 폭의 산수화다. 그 속에서 소나무처럼 멋대로 앉거나 자리를 깔고 누워 보자. 사르륵 바람소리에 잠시 세상과 멀어지는 기분이 든다. 아직 어두운 이른 아침, 어둠을 뚫고 산에 오르는 사람들을 바라보면 마치 천년의 세월을 뚫고 신비의 세계로 탐험을 나서는 듯 보인다. 그리고 과거의 시간 속으로 떠나는 출발점이 바로 여기가 아닐까 하는 생각이 든다.

삼릉숲을 특히 사랑한 사진작가 배병우 선생은 자신의 삼릉숲 소나무 연작을 통해 "가장 한국적인 것, 한국을 대표하는 것은 바로 소나무이고 그 중에 제일은 삼릉의 소나무"라고 말한 바 있다. 그 숲에서 아침을 맞이해 보라. 몇 번을 찾아가도 언제나 설렌다.

이쯤에서 사진 한 장

삼릉숲에는 특별한 포인트는 없다. 자유롭게 늘어선 소나무처럼 여러 위치에서 사진을 찍어 보자. 단, 숲을 촬영할 때는 역광상태에서 촬영하는 것이 훨씬 단정하고 안정된 화면을 만들어 준다는 것을 기억하자. 즉 촬영자 앞에 빛이 있는 상태가 좋다. 하지만 인물을 촬영하기 위해서는 플래시를 터트려 풍경과 인물을 같이 살려 주는 것이 좋다.

늘 푸른 소나무를 보면 천년의 숨소리가 들려오는 듯하다.

아침 햇살을 머금은 삼릉숲. 찐득하니 가슴 벅찬 느낌으로 하루가 시작된다.

여행 즐기기

❶ 삼릉숲에 안개가 끼면 정말 멋지다. 일반적으로 봄이나 가을같이 일교차가 큰 계절, 해가 뜨는 시간에 안개가 낄 확률이 높으니 삼릉숲도 이 시간에 찾는 것이 좋다. 여름철 장마가 끝난 후나 그 전에 가도 안개를 만날 수 있으므로 미리 날씨를 알아보는 것이 중요하다.

❷ 삼릉을 둘러보고 난 뒤에는 신라 천년문화의 보고인 남산에 올라 많은 유물들을 보며 산행의 즐거움도 느껴 보자. 남산을 중심으로 여러 갈래의 코스가 있어서 자신의 취향대로 선택할 수 있는데, 삼릉에서 출발해 금오산 정상에서 포석정으로 가는 코스가 일반적이다. 간단한 먹을거리를 준비해 가는 것도 좋다. 경주엔 황남빵과 경주찰빵 같은 요기거리가 많다.

❸ 경주는 여름철 반월성 부근의 연꽃 밭이나 가을 단풍도 멋져서 사시사철 눈으로 보고 즐길 수 있는 좋은 여행지다. 하지만 아름다운 경주의 절정은 이른 봄이다. 이때는 흐드러지게 핀 유채나 벚꽃들이 즐비해 드라이브하기에도 제격이다.

❹ 삼릉은 시내와 가까우니 자전거를 이용해 근처의 포석정과 더불어 대릉원, 안압지, 반월성터 등을 돌아보는 것도 좋다.

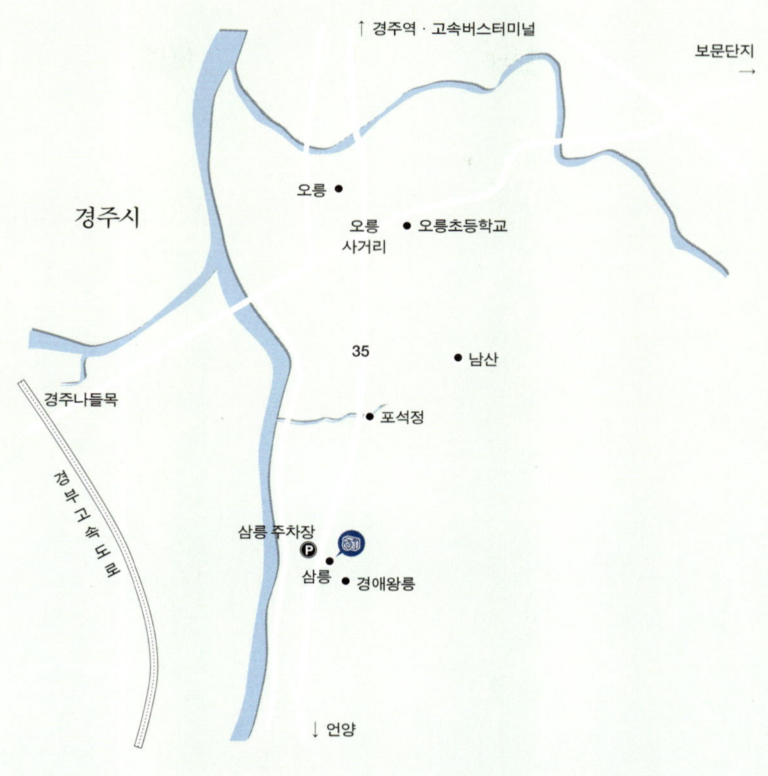

주소	경상북도 경주시 배동
내비게이션 검색	'삼릉'
GPS 좌표	경도 129° 12′ 32.66″ 위도 35°47′ 47.92″

교통

대중교통 경주고속버스터미널에서 시내버스(500 503 505 506 507 508번)를 타고 삼릉입구에서 내리거나 경주 시내에서 택시를 이용(요금 5000~6000원)하면 된다.

자가용 경부고속도로 경주나들목 → 오릉 → 35번국도(울산 방면) → 삼릉 입구

여행정보

● 경주시청 문화관광과 054-779-6396, http://culture.gyeongju.go.kr/culture
● 경주 남산 연구소 www.kjnamsan.org ● 경주고속버스터미널 054-741-4000

아름답고 신비한 비밀의 정원

우리 부모님들이 사랑을 키운 덕수궁 돌담길이 외투깃을 올리고 폼 나게 걸었던
추억의 장소라면 선유도 공원은 일상적으로 사진을 찍는 비주얼 세대가
폼 나게 사진 찍고 산책도 하기에 안성맞춤인 장소다.

예쁜 모델을 두고 사진을 찍는 동호인들, 아이의 손을 잡고 나온 부부, 벤치에 앉아 서로를 보듬어 주는 연인, 친구와 수다를 떨며 한가로운 오후를 즐기는 사람들. 선유도 공원의 풍경은 이렇듯 다양한 사람들이 만들어 간다.

선유도 공원은 옛날에 정수장이었던 시설을 허물면서 구조의 일부를 남겨 두고 그 잔해를 풍경 속에 적극적으로 끌어들여 조성한 공원이다. 그래서 다른 공원에서는 볼 수 없는 독특한 구조물이 자주 눈에 띈다.

공원은 각기 다른 주제를 가진 몇 개의 공간으로 구성되어 있다. 입구에서부터 길을 따라 조성된 공간은 물을 주제로 하는 정원이다. 세 개의 커다란 저장 탱크를 거친 물은 공원 안에 있는 온실과 수질정화원으로 흐르고 수생식물원, 시간의 정원, 환경 물놀이터 등을 거쳐 다시 저장 탱크로 돌아간다. 이렇게 물의 순환 과정을 보여주는 정원은 물의 중요성을 알리는 역할을 하면서 마치 '비밀의 정원' 같은 신비로운 분위기를 풍긴다.

안으로 조금 더 들어서면 녹색 기둥이 있는 시간의 정원에 이른다. 옛 정수장 건물의 콘크리트 기둥을 그대로 남겨둔 곳인데 여름이면 담쟁이 덩굴이 부지런히 기둥을 타고 올라가 온통 초록으로 뒤덮어 버린다. 겨울에는 기둥마다 회색 콘크리트가 그대로 드러나 어딘지 황량해 보이기도 하는데, 그 모습 그대로 매력이 있다. 부서진 기둥들이 만들어내는 묘한 분위기에 이끌린 사람들은 이곳에서 사진 찍는 것을 좋아한다. 수직으로 곧추선 콘크리트 기둥 아래 수평으로 놓인 기다란 벤치, 그곳에 친구를 앉혀 놓고 찰칵, 셔터를 누른다.

선유도 공원에는 서로의 모습을 카메라에 담는 연인들이 특히 많다. 예전 우리 부모님들이 사랑을 키운 덕수궁 돌담길이 외투 깃을 올리고 폼 나게 걸었던 추억의 장소라면 선유도 공원은 일상적으로 사진을 찍는 비주얼 세대가 폼 나게 사진 찍고 산책도 하기에 안성맞춤인 장소다.

 **이쯤에서 사진 한 장**

한강시민공원 양화지구에서 선유도로 향하는 다리에 있는 식재터널이나 시간의 정원에서 콘크리트 기둥을 배경으로 인물사진을 찍어 보자. 시간의 정원에서 바깥으로 나가는 계단 밑에 빛바랜 파란색 벽이 있고 그 앞에 나무 벤치가 있는데, 여기서 찍어도 독특한 분위기가 난다.

선유도 공원의 하이라이트는 선유교의 요색 야경이다. 밤에 이곳을 찾은 연인들에겐 로맨틱한 조명이 된다.

공원 어디서나 볼 수 있는 벤치. 언제나 위치를 조금씩 달리하며 오늘의 주인공을 기다린다.

여행 즐기기

❶ 선유도 공원은 일몰 후 야경이 아름답다. 특히 화려한 조명을 밝힌 선유교 야경은 사진이 취미인 사람들의 단골 모델이다. 낮에는 공원 안에서 즐거운 한때를 보내고, 해질녘에 선유교에 화려한 조명이 들어오기 시작하면 한강시민공원 양화지구로 자리를 옮겨 보자. 선유교 아래나 공원 주변에서 감상하는 야경이 훨씬 멋있다.

❷ 선유도 공원은 계절에 상관없이 찾아가기 좋으나, 푸른 잎이 가득한 봄과 여름에 가면 더 좋다. 물을 테마로 하는 공원이기 때문에 시원한 물줄기가 여름철 더위를 식혀줄 것이다.

❸ 차를 가져간다면 선유도 내 주차장을 이용하는 것보다 한강시민공원 양화지구 주차장을 이용하는 것이 덜 번잡해서 좋다. 대중교통으로 가더라도 선유도 공원 앞을 경유하는 버스가 있기 때문에 불편 없이 오갈 수 있다.

❹ 한강시민공원 양화지구가 선유교로 연결되어 있고, 강 건너편으로는 하늘공원도 가깝다. 한강을 가까이에서 즐기기도 좋고 높은 곳에 올라 조망하기도 좋은 지역이다.

주소	서울시 영등포구 양화동
내비게이션 검색	'선유도공원'
GPS 좌표	경도 126° 53' 40.49" 위도 37° 32' 30.38"

교통

버스 양평동 한신아파트(604 605 5516 5712 6514 6623 6631 6632 6633 6712 9707번)
합정역(271 570 602 603 604 5712 5714 6712 7011 7012 7013 7612번)
선유도 공원 정문(5714번)

지하철 2호선 당산역 1번 출입구로 나와 당산 지하차도를 통해 한강변으로 진입하면 된다. 2, 6호선 합정역 8번 출입구에서 양화대교 쪽으로1.5km 정도 걸으면 양화대교 중간쯤에 선유도 공원 출입문이 있다.

자가용 ▶ 88올림픽도로(공항 방향) → 양화대교 지나 1km지점 → 한강시민공원 선유도 방향 진입 → 한강시민공원 양화지구 주차장

▶ 88올림픽도로(잠실 방향) → 성산대교 밑에서 오른쪽으로 진행 → 좌회전해서 굴다리 통과 → 한강시민공원 양화지구 주차장

여행정보

- 선유도 공원 http://hangang.seoul.go.kr/park/p_info_seonyudo1.html
- 선유도 안내센터 02-3780–0590

구름은 맑고 바람은 가벼운 한낮에 꽃을 찾고 버들을 따라 시냇물을 건너간다.
사람들은 나의 즐거운 마음을 모르고, 한가함을 탐낸 소년처럼 논다고 말한다.
— 정명도, '춘일우성 春日偶成'

일상에서 과거로 가뿐하게 넘나드는 곳

수원화성은 조선 22대 임금인 정조가 왕위에 오르면서, 왕권을 강화하고 새로운 정치질서를 실현하려는 노력의 일환으로 축조한 성이다. 당시 노론 세력이 서울에서 기득권을 잡고 있어 뜻대로 정사를 펼 수 없었던 정조는 수원에 신도시를 만들 계획을 세웠다. 그래서 화성을 건설하여 상인과 수공업자를 이주시킨 뒤 개혁의 중심지로 삼고자 한 것이다. 하지만 안타깝게도 정조는 야심을 이루지 못하고 갑작스런 죽음을 맞이했고, 그의 꿈이 투영된 수원화성만 지금까지 남아 있다.

수원화성을 여행하다 보면 일상과 과거를 넘나드는 기분이 든다. 시가지를 빙 두르고 서 있는 성곽만 보면 조선시대인데, 21세기 사람들이 너무나 자연스럽게 장안문을 드나들고, 자동차들은 성을 가로질러 간다. 망루나 포루에는 창을 들고 경계를 서는 병사가 있을 것만 같은데, 구경 나온 어린아이가 엄마의 도움을 받으며 성 밖을 내다보고 있다. 성벽 옆에는 화성의 역사만큼 나이를 먹었을 커다란 느티나무도 있고, 동네 사람들이 나무그늘 아래로 마실을 나온다.

화성은 성 전체가 빼어난 건축미를 자랑하지만 그중에서도 방화수류정訪花隨柳亭은 화성의 꽃이라 할 만하다. 우리나라의 일반적인 정자와 달리 16각형에 이르는 마루와 단조로움을 피한 십자형의 채벽은 어느 방향에서 보아도 흠잡을 데 없이 아름답다. 성곽을 따라 걷다가 방화수류정에 앉아 바람에 흔들리는 용연의 버드나무를 바라보면 마음에도 잔잔한 물결이 인다. 저녁 노을 아래 더욱 빛나는 화성의 모습을 오래 간직하고 싶어 카메라를 꺼내 든다.

 **이쯤에서 사진 한 장**

방화수류정을 비롯한 많은 명소가 성벽 곳곳에 있어 어디에서 촬영해도 좋다. 대체로 용연에서 방화수류정을 바라보고 촬영하는 사람이 많다. 야경을 찍는다면 해가 떨어진 직후 파란 하늘의 여운이 남아 있을 때가 가장 좋다. 야간에 인물을 촬영하려면 반드시 삼각대를 사용하거나 플래시를 터트리자.

수원화성을 여행하며 내심 이곳에 사는 사람들을 부러워했다. 장안문을 내집 문 드나들 듯 하는 모습을 보면서.

여행 즐기기

❶ 화성 여행은 다양한 지점에서 시작할 수 있으나 팔달문에서 시작해 화성행궁을 지나 성곽을 따라 방화수류정으로 가는 코스가 둘러보기 좋다. 관광안내소에서 수원화성안내도를 얻어 가지고 다니면 화성을 이해하는 데 도움이 된다.

❷ 낮에 돌아봐도 멋지지만 푸른 저녁 하늘 아래 빛나는 야경은 더 멋지다. 성곽을 따라 길게 이어지는 조명들이 건축물을 한층 멋지게 만들어 주기 때문이다. 오후에 탐방을 시작해 해질 무렵에 야경을 보는 것을 권한다. 한편, 방화수류정 아래에 있는 용연은 매년 4월경이면 흐드러지게 핀 철쭉으로 장관을 이룬다.

❸ 팔달문에서 출발하는 화성열차를 이용하면 팔달산(강감찬장군동상), 화서문, 장안공원, 장안문, 화홍문, 연무대까지 총 3.2km를 편하게 돌아볼 수 있다.걷기 힘들 때 매우 유용하다.

❹ 수원은 큼지막한 소갈비로 유명하다. 화성의 야경까지 보고난 후에 갈비 한 점은 꿀맛이다.다소 가격이 비싸기는 하지만 담백한 맛은 잊을 수 없다. 팔달문 근처 재래시장에도 먹을거리가 많다.

❺ 수원화성만 구경하는 데도 많은 시간이 걸린다. 장안문을 비롯해 방화수류정, 동북공심돈을 거쳐 팔달문을 지나 서장대와 화성 안의 행궁까지 돌아보는데 약 4시간이 걸리므로 여유 있게 일정을 잡고 돌아보는 것이 좋겠다.

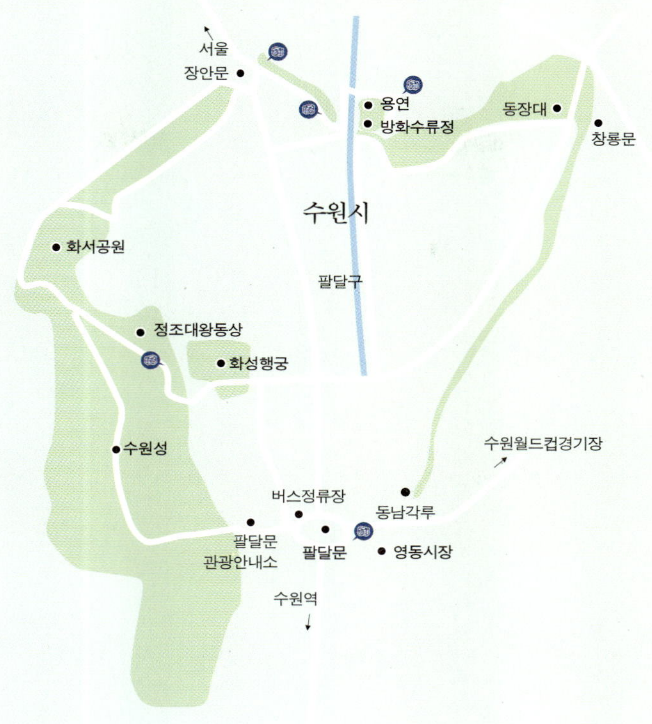

주소	경기도 수원시팔달구 남창동
내비게이션 검색	'화성행궁지'
GPS 좌표	경도 127° 0′ 57.88″ 위도 37° 16′ 42.8″

교통

대중교통 수원역 건너편에서 2, 7, 7-2, 8, 13번 버스를 타고 종로사거리(화성행궁 앞)에서 내리면 된다. 서울의 경우 강남·양재에서 수원 종로까지 가는 3000번 좌석버스가 06:00부터 20분 간격으로 다니고, 잠실에서는 1007번 좌석버스가 05:00부터 10~20분 간격으로 있다.

자기용 경부고속도로 수원나들목 → 동수원4가 직진 → 중동4가 우회전 → 팔달문 로터리 직진 → 종로 4가 좌회전 → 화성행궁

여행정보

- 매년 10월 수원 화성문화제 개최 ● 수원시청 문화관광과 031-228-3064
- 수원 화성 http://hssuwon.ne.kr, 관리사무소 031-251-4435 / 4437
- 화성 행궁 이용시간 09:00 ~ 18:00(동절기 17:00)
- 수원 시외버스터미널 031-267-7800 ● 수원역 031-253-2724

물안개, 노을, 그리고 향그러운 차 한 잔

조선시대 문장가였던 서거정은 수종사에서 바라본
두물머리 풍경을 보고 해동 제일의 전망이라 했다.

높은 곳에서 바라보는 풍경은 언제나 경이롭다. 짙게 깔린 구름들, 성냥갑보다 작은 집들, 그 사이사이로 쏟아지는 햇살은 땅과 가까운 곳에서는 보지 못하는 것들이다.

물이 좋다는 수종사水鐘寺는 그런 아름다움을 늘 볼 수 있는 곳이다. 남한강과 북한강이 서로 만나는 두물머리가 한눈에 내려다보이는 운길산 자락에 절집이 포근하게 앉아 있다. 가파른 산비탈에 터를 닦아 전각이 많지 않고 규모도 작지만 수종사 앞에 펼쳐지는 풍광은 한없이 크고 넓다. 좁은 절집에서 큰 세상을 굽어보니 수종사에 다녀가는 사람은 모두 마음이 넓어질 것만 같다.

수종사라는 이름에는 재미있는 이야기가 전해온다. 금강산을 순례하고 돌아온 세조가 지금의 수종사 근처에서 하룻밤을 묵게 되었는데 한밤중에 은은한 종소리가 들렸다고 한다. 세조는 그것을 기이하게 여겨 날이 밝자 종소리가 나는 곳으로 가 보았다. 그랬더니 바위굴에 16나한이 앉아 있고 굴 천정에서 떨어지는 물방울이 공명을 일으키며 청아한 종소리를 내고 있었다. 세조는 소리의 근원을 확인하고는 왕명을 내려 그 자리에 절을 짓고 이름을 수종사라 명했다고 한다.

수종사는 물맛이 좋기로 유명하다. 절 안에 있는 삼정헌三鼎軒에서는 약수로 끓인 차를 방문객에게 제공하고 있다. 삼정헌은 '선禪, 시詩, 차茶가 하나로 통하는 다실茶室'이라는 뜻으로 지난 2000년 수종사 주지 동산 스님이 지었다. 스님은 "사찰을 찾는 모든 이들이 마음의 짐을 내려놓고, 편히 쉬었다 가면 그만"이라며 찻값을 받지 않는다.

삼정헌에서 차를 마시며 바라보는 창문 너머 풍경은 혼자 보기 아까울 정도다. 조선시대 문장가였던 서거정徐居正은 수종사에서 바라본 두물머리 풍경을 보고 해동 제일의 전망이라 했다. 시야가 탁 트인 절집 마당에서 주변 풍경까지 한번에 바라보노라면 서거정의 말이 백 번 이해된다.

이쯤에서 사진 한 장

수종사 경내 넓은 마당 기와 앞에 인물을 세우고, 마당 쪽 삼정헌 마루에 앉아 촬영한다. 일몰시간일 경우 역광이므로 플래시를 터트려주는 것이 좋다. 또한 경내에서 해우소 방향으로 내려가 세조가 심었다는 은행나무를 배경으로 촬영해도 멋지다.

삼정헌 툇마루에 앉아서 보내는 시간에 넉넉하고 아늑한 맛이 깃든다.

세조가 심었다는 은행나무. 우람한 은행나무가 노랗게 물든 모습은 수종사의 또 다른 볼거리다.

여행 즐기기

❶ 수종사에 가면 두물머리 일몰을 꼭 봐야 한다. 일몰을 제대로 보려면 늦어도 해 지기 1시간 전에는 수종사에 도착하는 것이 좋다. 수종사까지는 보통 등산로를 따라 오르기도 하지만, 일주문이 있는 곳까지 차를 타고 갈 수 있다. 그러나 주차장이 협소하고 오르는 길이 험해서 비나 눈이 오면 미끄러워 오르지 못하므로 등산로 입구에 차를 두고 가는 것이 좋다. 초입에서 걸어 오르면 대략 1시간에서 1시간 30분정도 걸린다.

❷ 삼정헌 옆 넓은 공간은 식당의 지붕이다. 이곳에서 아름다운 두물머리 풍경을 감상 할 수 있다. 봄이나 가을 같이 일교차가 심한 날 이른 아침에는 강에서 피어오르는 물안개와 운해를 볼 수 있으며, 여름철 장마가 시작될 때나 끝날 무렵에는 산자락 사이로 스며드는 운해를 볼 수 있다.

❸ 수종사에서 양수리 방향으로 가면 두물머리가 나오고, 바로 옆에는 여름철 연꽃이 아름다운 세미원이 있다. 또, 이곳에서 서울 방향으로 조금만 가면 다산유적지가 있다. 그리고 수종사 입구에서 가평으로 조금만 가면 남양주종합촬영소가 있는 등 주변에 볼거리가 많다.

주소	경기도 남양주시 조안면
내비게이션 검색	'수종사'
GPS 좌표	경도 127° 18' 14.54" 위도 37° 33' 56.82"

교통

대중교통 청량리역에서 양수리 행 2228, 8번 버스를 타거나 강변역 테크노마트 옆 정류장에서 2000-1, 2000-2번 버스를 탄다. 진중삼거리에 내려166-1번 마을버스를 타거나 양수리에서 내려 62번 마을버스를 타고 수종사 입구에서 내리면 된다.

자가용 ▶ 88올림픽도로 → 미사리 → 팔당대교 → 6번국도(두물머리 방향) → 조안나들목 → 45번국도 → 삼거리에서 청평·가평 방향으로 좌회전 → 진중삼거리 → 왼쪽 도로 직진 → 왼편 수종사 표지판 보고 좌회전 → 수종사

▶ 청량리역 → 망우리고개 직진 → 도농삼거리 → 덕소 방향 직진 → 팔당대교, 팔당댐 → 조안면보건지소 앞에서 좌회전 → 수종사

여행정보

● 수종사 031-576-8411 ● 남양주시 www.nyj.go.kr, 문화관광과 관광개발팀 031-590-4243
● **운길산 등산코스** 조안보건지소 → 수종사 → 운길산(1시간40분) | 연세중학교 → 이덕현 집터 → 수종사 → 운길산(1시간30분)

여름

| 푸르고 싱싱한 자연의 품에 안기다 |

14 정선 화절령 운탄길

검은 탄가루 날리던 길에 초록물이 번지네

지하 갱도가 무너지면서 생긴 도롱이못.
땅이 무너진 자리에 상처가 남을 줄 알았더니 새 생명이 자리를 잡았다.
물과 나무가 어우러진 풍경이 이국적이다.

굽이굽이 돌고 도는 길을 따라 석탄을 가득 실은 트럭들이 지나던 길, 트럭에서 조금씩 떨어져내린 탄가루 때문에 검은 빛이 도는 길, 바로 화절령 운탄運炭길이다. 이름 그대로 석탄을 나르기 위해 만들었던 이 길은 정선 일대에서 무연탄이 나던 시절, 마을을 살찌우는 번영의 길이었다. 그러나 세월이 흘러 탄광이 문을 닫고 빈 갱도만 남게 되면서 사람들이 하나 둘 떠나갔다.

그러던 곳에 카지노와 스키장이 들어서면서 운탄길도 새로운 꿈을 꾸게 되었다. 처음 탄광이 문을 닫을 때만 해도 그동안의 개발에 따른 환경 피해가 심각한 수준이었으나 자연은 놀라운 재생력을 발휘해 검은 땅을 조금씩 초록으로 물들여 갔다. 새카맣게 석탄때가 낀 길가에 봄이면 지천으로 야생화가 피어서 '화절령 花折嶺, 꽃을 꺾으면서 넘는 고개'이 이름값을 하게 되었다. 최근에는 강원랜드에서 운탄길 일부 구간을 트래킹 코스로 개발하고 '하늘길'이라는 예쁜 이름을 붙였다. 부드러운 곡선을 그리며 산을 휘감아 도는 운탄길은 경사도 급하지 않아 산 타는 것을 힘들어하는 사람들도 편하게 걸을 수 있다. 달라진 운탄길은 점점 많은 사람에게 알려져 지금은 산악 자전거나 오프로드를 즐기는 사람들에게 새로운 보물섬으로 통하고 있다.

운탄길을 걷다 보면 곳곳에 폐광 흔적도 남아 있고, 석탄 알갱이가 흩어져 있는 검은 땅에서 잎을 피우고 있는 어린 나무도 보인다. 산자락을 돌아갈 때마다 전망이 트이면서 주변 산세가 훤히 내다보인다. 한참을 걸어 화절령 사거리를 조금 지나면 거울처럼 맑은 도롱이못이 나온다. 빈 갱도가 무너지면서 땅이 꺼진 자리에 물이 고여 생긴 연못이다. 1급수에서만 산다는 도롱뇽이 여기에 산다. 자연의 입장에서 보면 땅이 무너졌으니 생채기가 생겨야 할 텐데, 그 자리에 새 생명이 자리를 잡았다. 땀 흘리며 걷다가 도롱이못에 다다르면 가슴속 깊은 곳까지 신선함이 느껴진다. 자연의 생명력이 사람에게 전해진다.

 **이쯤에서 사진 한 장**

울창한 침엽수림 사이로 난 운탄길이나 도롱이못을 배경으로 찍으면 이국적인 느낌이 든다. 숲에서 촬영할 때는 순광보다 역광 상태에서 촬영하는 것이 정갈하고 멋지다. 하지만 역광 상태에서 인물을 찍으려면 플래시를 터트려 주는 것이 좋다.

석탄을 운반하던 트럭은 기억 속으로 사라지고 그 길 위에 새로운 생명이 자란다.

도롱이못 근처에서 본 숲, 탄광이라는 이름으로 초라해졌던 숲이 이제 제 모습을 찾아간다.

여행 즐기기

❶ 신록이 우거지는 5월부터 여름을 지나 가을까지 지천으로 핀 야생화도 볼 수 있고 기온도 적당해서 가볍게 걷기 좋다.

❷ 겨울에는 아름다운 설경 속에서 트래킹을 할 수 있다. 강원랜드 호텔에서 시작하는 화절령 트래킹 코스는 약 10.2km 거리로, 강원랜드에서 화절령 만남의 광장, 도롱이못을 지나 하이원리조트까지 가는 코스다. 물론 개인의 상황에 따라 코스조절이 가능하며, 화절령 사거리까지는 승용차로 갈 수도 있다. 하이원리조트 홈페이지의 하늘길 등산로를 참고하면 더 다양한 코스를 선택할 수 있다.

❸ 스키시즌에는 인근 리조트에서 스키나 보드를 탈 수 있고, 주변에 숙박시설이나 먹을거리도 많아 가족과 함께하기도 좋은 여행지다. 화절령 일대는 우리나라에서 가장 기온이 낮은 지역이므로 어느 계절이든 여벌의 옷을 준비해 가는 것이 좋다.

❹ 하이원리조트를 비롯해 강원랜드 주변만 돌아봐도 하루가 짧다. 일정에 여유가 있다면 우리나라에서 제일 높은 곳에 있는 기차역인 추전역과 고한역, 사북역 등을 차례로 다녀보는 것도 좋다. 인근에는 정암사가 있고, 정선읍으로 가면 정선5일장을 비롯해 아라리촌 등 다양한 볼거리가 있다. 강릉 방향으로 가면 아우라지를 구경하고 레일바이크를 탈 수 있다.

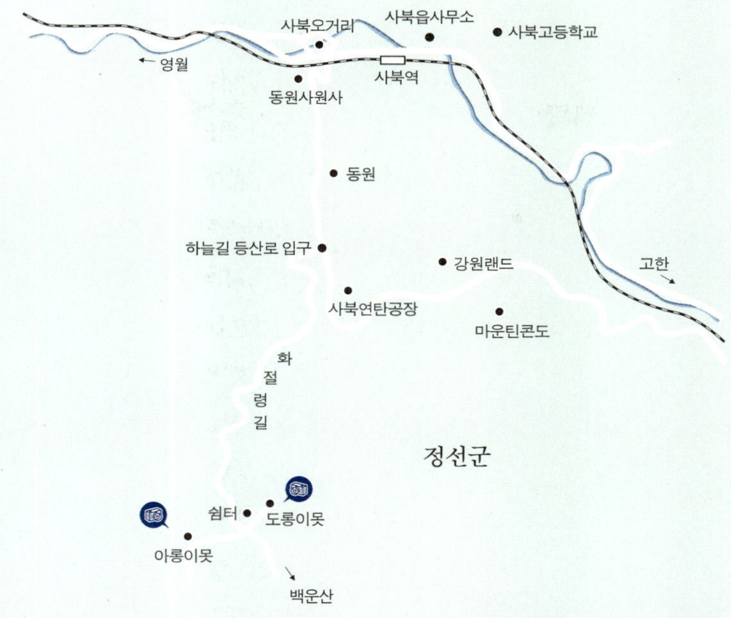

주소	강원도 정선군 사북읍
내비게이션 검색	'강원랜드'
GPS 좌표	경도 128° 49' 7.94" 위도 37° 12' 34.59"

교통

대중교통 버스나 기차를 이용해 고한으로 간다. 버스터미널이나 고한역에 도착한 다음에는 하이원호텔과 밸리콘도, 마운틴콘도까지 운행하는 셔틀버스(하이원리조트 홈페이지 교통편 참조)를 이용하는 것이 좋다. 또는 고한이나 사북역에서 택시를 타면 20분 정도 걸려서 화절령 입구에 닿는다.

자가용 중앙고속도로 제천나들목 → 38번국도(영월 · 정선 방향) → 사북 → 하이원 리조트(강원랜드)

여행정보

- 하이원 리조트 1588-7789, www.high1.co.kr
- 정선군 관광문화과 033-560-2365, www.ariaritour.com

아이들 웃음처럼 반짝이는 몽돌해변

신명난 아이들이 우르르 바다로 몰려가 파도를 맞고 까르르 웃는 듯한 소리.
자연의 아이들이 내는 소리는 파도가 연주하는 합창 같기도 하다.

크고 작은 돌멩이들이 쉴 새 없이 움직이며 소리를 지른다. '자그락, 자그라락' 파도가 덮칠 때마다 아우성이다. 신명난 아이들이 우르르 바다로 몰려가 파도를 맞고 까르르 웃는 듯한 소리. 자연의 아이들이 내는 소리는 파도가 연주하는 합창 같기도 하다.

완도 구계등九階嶝 해변에는 동글동글한 몽돌이 지천으로 깔려 있다. 구계등이란 '아홉 계단으로 이뤄진 비탈'이라는 뜻으로, 바다 속부터 해안까지 가득 들어찬 몽돌이 아홉 층을 이루고 있어서 붙여진 이름이다. 해변에 드러난 것은 서너 층뿐이니, 이름 대로라면 물속에 더 많은 층이 있다는 얘기다. 물에 젖은 몽돌은 까맣게 보이지만 그냥 보면 대개 검푸른 빛을 띠고 있다. 그래서 '청환석靑丸石'이라는 별칭도 갖고 있다. 몽돌은 오랫동안 파도에 다듬어져서 모양은 하나같이 둥글지만 크기는 제각각이다. 주먹만한 것부터 축구공만한 것까지 다양한 크기의 몽돌로 채워진 해변은 울퉁불퉁해서 걷기 불편하다. 하지만 한발 한발 천천히 걷다 보면 파도에 밀린 몽돌이 서로 부딪히며 내는 음악 소리가 들린다. 차르르르, 경쾌하게 울리는 그 소리는 걸음을 멈추고 귀를 기울이게 만든다. 해변 한가운데 서 있는 느티나무 앞에는 이 나무 그늘에 앉아 몽돌 구르는 소리를 들어 보라는 안내판도 있다.

구계등은 1973년 명승지 3호명승지 1호는 오대산 소금강, 2호는 거제 해금강이다로 지정되어 지금까지 보호되고 있다. 해변에는 몽돌과 함께 이곳을 명승지로 만든 또 하나의 공신이 있다. 바로 해안을 따라 늘어선 방풍림이다. 울창한 그늘 사이로 나 있는 길을 따라 산책하거나 햇볕을 피해 쉬기도 좋은 이곳은 몽돌 해변과 잘 어우러져 구계등을 더욱 빛나게 한다.

구계등을 처음 찾았을 때, 나는 휴대전화로 동영상을 촬영해와서 가끔씩 마음이 울적할 때 열어 보았다. 눈을 감고 몽돌 구르는 소리를 들으면 멀리 떨어져 있어도 그곳에 있는 듯한 착각이 일곤 했다. 모난 데 하나 없는 구계등 몽돌을 보면 마음이 그렇게 편안할 수가 없다.

 **이쯤에서 사진 한 장**

구계등 해변에 느티나무 한 그루가 홀로 서 있다. 이 나무를 빙 두르고 있는 나무 데크에 인물을 앉혀놓고 뒷모습을 찍어도 좋고, 일몰 때 파도가 밀려오는 몽돌 해변을 거니는 모습도 멋지다.

돌에 붙어 있는 해초가 마치 곱게 빗어 놓은 머리카락 같다.

해 질 무렵, 낮 동안 달구어졌던 몽돌들이 천천히 식는다.

여행 즐기기

❶ 아침이나 해질녁에 찾아가면 햇빛에 반짝이는 몽돌을 감상할 수 있다. 구계등 해변을 등지고 보았을 때 왼쪽에서 해가 뜨고 오른쪽으로 해가 지는데, 일출이든 일몰이든 파도에 젖어 반짝이는 검푸른 몽돌을 보는 것이 여행 포인트다.

❷ 수심이 얕고 경사가 완만해서 해수욕을 하기도 좋고, 여름이면 야영도 할 수 있다. 구계등 뒤편 방풍림 안에는 1.2km의 탐방로가 있어서 삼림욕을 즐기거나 뜨거운 낮 더위를 피하기도 안성맞춤이다.

❸ 예전에는 파도에 깎이고 다듬어져 예쁘장한 몽돌을 하나 둘씩 반출해 나가는 사람들이 많았다고 한다. 하지만 지금은 입구에 있는 다도해해상국립공원 관리소에서 체계적으로 관리·보호하고 있으며 몽돌 제자리 찾기 운동도 진행 중이다. 행여 몽돌을 가지고 갈 생각은 하지 말자.

❹ 대신리로 가면 드라마 〈해신〉의 소쇄포 촬영지가 있고, 불목리에는 신라촌 오픈 세트장이 조성되어 있다. 군외면 상황봉 자락에는 완도 수목원이 있는데, 원시림과 다양한 꽃들을 구경할 수 있다. 완도에는 장보고의 청해진 유적지가 있고, 완도 신지대교를 넘어가면 신지명사십리 해변이 있어서 여름철 피서로지로 제격이다.

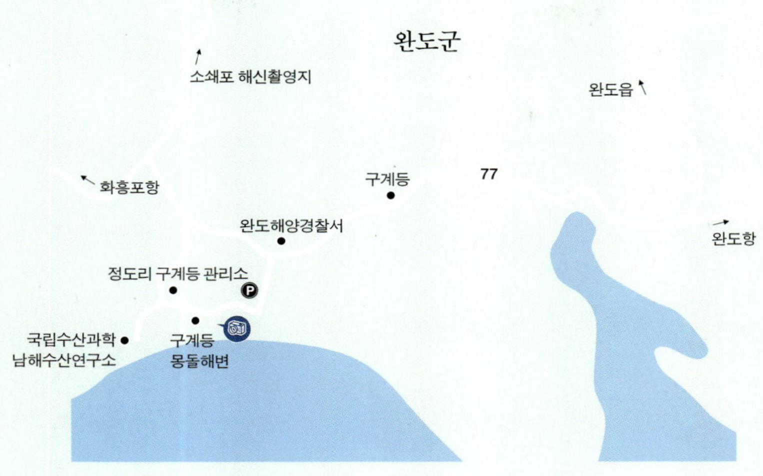

주소	전라남도 완도군 완도읍
내비게이션 검색	'정도리 구계등'
GPS 좌표	경도 126° 42' 44.32" 위도 34° 17' 43.82"

교통

대중교통 완도 버스터미널에서 서부 행 버스를 타고 정도리에 내리면 된다.

자가용 호남고속도로 광산나들목 → 13번국도 → 나주 → 해남 → 완도대교 → 완도읍 → 827번지방도 → 정도리

여행정보

● 완도군 관광문화정보관 http://tour.wando.go.kr ● 완도군청 문화관광과 061-550-5237
● 다도해 해상국립공원 정도리 탐방지원센터 061-554-1769 ● 완도터미널 061-552-1500

16 제주 금능해변
돌아서는 발길마저 붙드는 푸른 바다

이 바다 하나 때문에 제주는 늘 가고 싶은 섬이자 마음의
낙원이 되었다. 돌아오는 여름에 다시 이곳을 찾으면
꼭 비취색 바다에 '풍덩' 빠지고 싶다.

제주 서쪽에는 한림공원, 분재예술원, 협재 해수욕장 등 유명한 관광지가 많다. 그리고 협재 해수욕장 옆에는 유명 관광지의 그늘에 가려 잘 알려지지 않은 또 하나의 해변이 있다. 바로 금능해변이다. 하얀 백사장 앞 바다 위에 작은 섬 비양도가 얌전히 앉아 마치 그림같이 아름다운 곳이다. 금능해변 앞바다에 떠 있는 비양도는 섬이면서 그 자체가 오름인데, 문헌에 따르면 1002년경, 고려시대에 화산활동으로 생성된 한라산의 기생 화산섬이라고 한다. 협재 해변에서 1.5km 정도밖에 떨어져 있지 않아 말 그대로 손을 뻗으면 잡힐 듯한 섬이다.

사실, 금능해변은 협재 해수욕장과 매우 가깝다. 굳이 둘을 구분해 금능해변이라는 이름으로 따로 부를 이유가 없을 만큼 붙어 있다시피 한 곳이다. 그러니 혹시 제주를 여행하면서 협재 해수욕장에 들를 계획이라면 금능해변도 잊지 말고 들러 보자. 협재든 금능이든 어느 쪽에서나 아름다운 풍광을 볼 수 있는데, 금능해변에서 바라보는 비양도는 생떽쥐베리의『어린왕자』에 나오는 '코끼리를 삼킨 보아구렁이'를 꼭 닮았다.

금능해변은 해수욕하기 적당한 깊이에 무작정 뛰어들고 싶게 하는 오묘한 색을 띠고 있다. 물이 깊지 않아 가족끼리 즐거운 한때를 보내기에 적당한 곳이다. 사진을 촬영하며 혼자 여행을 다니는 나로서는 그동안 이곳에서 해수욕을 하고 싶어도 할 수가 없었다. 카메라를 들고 바다로 뛰어들 수는 없는 노릇이기 때문이다. 금능해변에서 걷다가 쉬기를 반복하며 한나절을 보내고 나서도 여간해서는 발길이 떨어지지 않는다. 비록 지금은 카메라의 구속을 받고 있지만 돌아오는 여름에 다시 이곳을 찾으면 꼭 비취색 바다에 '풍덩' 빠지고 싶다.

먼 이국의 바다를 찾지 않아도 충분히 만족스런 분위기를 즐길 수 있는 곳. 금능해변은 이미 내 마음속에 다음을 기약하고, 나는 어서 여름이 되기를 재촉하고 있다.

 **이쯤에서 사진 한 장**

금능해변 안쪽에 있는 샤워장을 지나 협재 해수욕장 방향으로 조금 가면 야자나무 숲이 있는데 그쪽 해변에서 바다를 향해 인물을 세워 놓고 촬영한다. 일몰일 경우 인물을 촬영하면 실루엣으로 촬영되므로 플래시를 터트려 줘야 한다.

금능해변 앞의 작은 섬 비양도를 바라보면 생떽쥐베리의 『어린왕자』가 떠오른다.

금능해변에 어둠이 내려오고, 비양도에는 가로등이 하나둘 켜진다.

여행 즐기기

❶ 금능해변은 어느 계절이든 옥빛 바다를 볼 수 있고, 아름다운 일몰도 볼 수 있는 해변이다. 비양도를 중심으로 오른쪽 한라산 방향에서 왼쪽으로 해가 지는데, 금능에서 바라본 비양도 일몰은 제주10경 중 하나인 '비양낙조'에 해당할 정도로 환상적인 풍경을 자랑한다. 가능하면 오후에 들러 일몰을 보자.

❷ 비양도에 가는 배는 한림 항에서 하루에 두 번(09:00, 15:00) 운행되며, 아침에 들어갔다가 오후에 나오는 것이 일반적이다. 시간을 내서 비양도까지 다녀오면 여행이 더 풍성해질 것이다.

❸ 제주는 하루면 자동차로 일주를 할 수 있을 만큼 도로가 잘 되어 있다. 금릉해변 역시 어느 방향으로나 여행하기 좋은 위치다. 협재 해수욕장과 한림공원이 아주 가까이 있으며, 좀더 멀리 가면 중문, 서귀포 지역이다. 중산간 지역으로 가면 영실에서 올라가는 한라산 트래킹 코스가 있다.

주소	제주특별자치도 제주시 한림읍
내비게이션 검색	'금능해수욕장'
GPS 좌표	경도 126° 14' 15.4" 위도 33°23' 12.56"

교통

대중교통 제주시외버스터미널에서 서회선 일주도로 행 시외버스를 타면 한림, 협재를 지나 금능해수욕장으로 갈 수 있다.

자가용 ▶ 제주공항 및 부두 → 12번 서부일주도로 → 하귀 → 애월 → 한림 → 협재 → 금능해수욕장

▶ 서귀포 → 12번 서부일주도로 → 모슬포 → 고산 → 협재 → 금능해수욕장

여행정보

- 제주 특별자치도 관광정보 http://jejutour.go.kr
- 제주도 여행자 정보센터 http://cafe.naver.com/tourcj
- 제주 시외버스 운영회 064-753-3242 ● 서귀포시외버스터미널 064-739-4645

엽서 속 먼 이국의 해변을 만나다

홍조단괴 해빈의 매력은 에메랄드 빛 바다뿐만이 아니다.
조근조근 밟히는 단괴야말로 아름다운 해변을 빛나게 해주는 보석이다.

우도팔경

우도팔경 중 하나인 '서빈백사西濱白沙'는 서쪽 해변의 백사장이라는 뜻으로 '홍조단괴 해빈紅藻團塊 海濱'을 두고 하는 말이다. 홍조단괴 해빈이란 이름이 낯설게 느껴지는 사람에게 '산호사珊瑚沙 해변'이라고 하면 대부분 '아, 거기!' 하는 반응을 보인다. 그럴 만도 한 것이 얼마전까지만 해도 이곳은 산호사해변으로 불렸다. 해변을 하얗게 뒤덮고 있는 모래가 산호가 부서져 생긴 것이라고 알고 있었기 때문이다. 그런데 알고 보니 하얀 모래의 정체는 산호가 아니라 홍조단괴였음이 밝혀지면서 해변의 이름도 바뀐 것이다.

'홍조'는 해안가에 서식하는 김, 우뭇가사리 등의 홍조류를 말하며 '단괴'는 퇴적암 속에서 특정 성분이 집중적으로 모여 주위보다 단단해진 덩어리를 말한다. '홍조단괴'는 강한 조류와 태풍 때문에 해안으로 밀려온 홍조류가 자라는 동안 파도에 구르고 뒤집히기를 반복하여 돌멩이처럼 단단하게 굳어진 것이다. 해외에도 홍조단괴가 발견되는 해변은 더러 있으나 우도처럼 해변 전체가 홍조단괴로 이루어진 경우는 드물어 학술적 가치가 높다. 천연기념물 제438호로 지정해 보호하고 있다. 홍조단괴로 이루어진 하얀 해변이 공식적으로 가치를 인정받았다면 이곳의 물빛은 우도에 다녀간 수많은 사람들 기억 속에서 빛을 발한다. 수심에 따라 빛깔이 달리 보이는 바닷물은 우리나라 어느 해수욕장보다 맑은 색을 띤다. 물속의 모래 알갱이를 하나씩 들여다볼 수 있을 정도로 깨끗한 물빛에 반해 다시 우도를 찾는 사람이 있을 정도로 매력적이다.

홍조단괴 해빈을 처음 보았을 때, 그동안 말로만 듣고 엽서로만 보던 이국의 해변에 온 듯한 착각이 들었다. 해변의 모래는 새하얗고, 파란 하늘 아래 에메랄드빛 바다가 반짝이고 있었다. 첫 만남에서 마음을 빼앗겨 버린 탓에 두 번째로 우도를 향할 때는 섬으로 가는 배에서부터 가슴이 콩닥콩닥 뛰었다. 그리고 해변에 도착해서 영롱한 바다를 보았을 때, 하얀 단괴를 조근조근 밟으며 거닐 때, 나는 다시 이곳을 찾게 될 것을 또 한 번 예감했다.

이쯤에서 사진 한 장

해변 전체를 배경으로 촬영해도 되지만 인물이 물속에 발을 담그고 있는 모습을 로우앵글(카메라를 아래에 두고 위를 바라보며 촬영하는 것)로 촬영하면 더 멋지다. 기왕이면 모델이 챙 넓은 모자를 쓰고 있으면 더 좋겠다.

가족이나 친구, 연인과 함께하면 더 좋은 해변이다.

이 모래알이 김이나 우뭇가사리 같은 홍조류였다는 건 상상도 못한 일이다.

여행 즐기기

❶ 하얀 해변과 에메랄드빛 바다와 파란 하늘이 제대로 어우러지려면 날씨가 좋아야 한다. 그러 니 여행 전에 꼼꼼하게 날씨를 체크하자. 그러나 제주의 날씨는 수시로 변한다. 맑다가도 갑 자기 구름이 끼는 곳이 제주다. 일기예보와 달리 구름이 끼더라도 잠깐 기다리면 다시 해가 나기도 한다. 여행 시기는 6월에서 9월 사이가 가장 적당하다.

❷ 해변을 거닐다 보면 특이한 모양 때문에 홍조단괴를 가져가는 사람들이 있는데 천연기념물 로 보호받기 때문에 반출할 수 없으니 보는 것으로 만족하자. 대신 해변에서 한때를 보낸 뒤 해물이 듬뿍 들어간 자장면을 먹어 보는 것도 우도 여행의 재미다. 또, 우도 특산물인 땅콩을 먹으며 여기저기 돌아다니면 잠시도 지루할 틈이 없다.

❸ 우도에는 매력적인 해변이 세 곳 있다. 홍조단괴해변과 하고수동 해수욕장 그리고 검멀레가 그곳이다. 검멀레는 홍조단괴해변과 반대로 온통 검은 모래로 이루어져 있는데, 찜질용으로 그만이다.

❹ 우도 옆에는 작은 비양도가 있는데 우도와 120m 정도 다리로 연결되어 있다. 작은 등대와 물질하는 해녀를 볼 수 있다.

주소	제주특별자치도 제주시 우도면
내비게이션 검색	'서빈백사해수욕장'
GPS 좌표	경도 126°56'45.20" 위도 33°29'52.84"

교통

대중교통 제주시외버스터미널 → 동회선 일주도로행 시외버스 → 성산포 항 여객터미널 → 우도 선착장 | 선착장에서 버스투어(우도교통), 자전거, ATV 오토바이 등을 이용할 수 있다.

자가용 ▶ 제주공항 → 1132번지방도 → 함덕 → 성산포 항 여객 터미널 → 우도 선착장

▶ 서귀포 → 1132번지방도 → 남원 → 성산포 항 여객터미널 → 우도 선착장

여행정보

● 제주 특별자치도 관광정보 http://jejutour.go.kr ● 제주시청 관광진흥과 064-728-2752

● 제주도 여행자 정보센터 http://cafe.naver.com/tourcj

● 우도를 찾는 사람들 http://iksingsing.com.ne.kr ● 우도면사무소 064-728-4354

● 제주 시외버스 운영회 064-753-3242 ● 우도교통 www.u-do.co.kr, 064-782-6000

푸른 바다, 초록 언덕, 하얀 등대

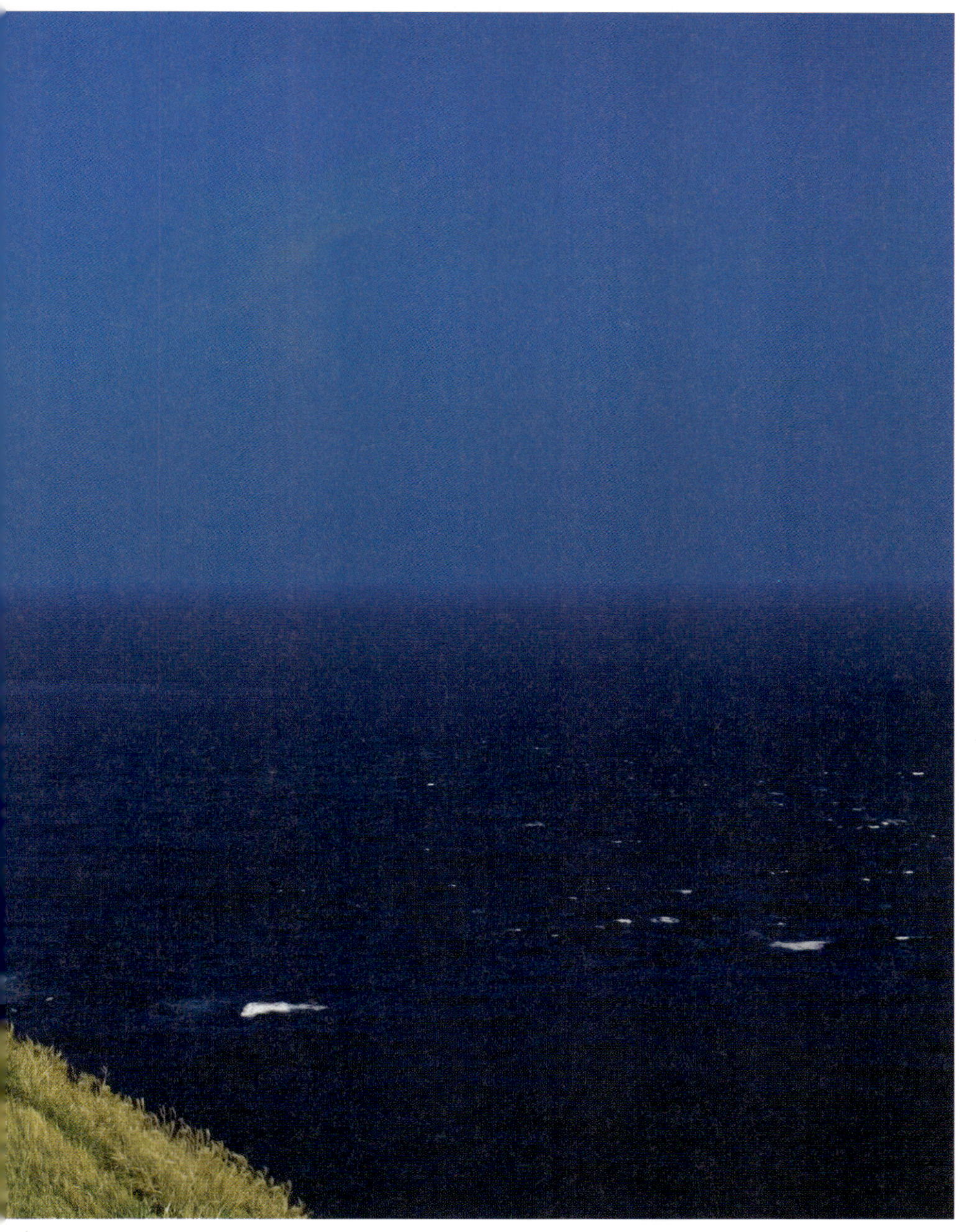

바람이 시원한 언덕에서 우도등대를 바라보며, 마치 영화에서처럼,
끝 모를 푸른 바다 저 너머로부터 내가 불을 밝힐 때까지 기다리고 있을 누군가를,
그리고 저 너머에서 또 다른 불이 밝혀지기를 기다리는 내 모습을 상상해 본다.

제주 부속도 중 하나인 우도에서는 본섬보다 더 낯선 풍경을 만날 수 있다. 우도에 가면 제일 먼저 등대가 있는 언덕에 올라 보자. 우도등대는 1906년 3월 첫 불을 밝히기 시작해 100년이 넘는 역사를 자랑하는 소중한 유산이다. 비록 불을 밝히는 역할은 최근에 생긴 새 등대에 내주었지만, 우도등대는 지난 시간을 간직한 채 그 자리에 서 있다. 등대 주변은 '등대공원'으로 조성되어 우리나라와 세계 각국의 유명한 등대 모형 14점을 전시하고 있다. 등대를 배경으로 하는 해안 절경과 멋진 풍광은 우도 팔경 중 하나인 '지두청사 指頭靑沙'다. 지두청사란 '지두의 푸른 모래'라는 뜻으로 등대가 있는 우두봉 꼭대기에서 바라본 우도 전경과 맑고 푸른 바다, 하얗게 부서지는 파도와 눈부시게 빛나는 백사장의 풍경을 통틀어 일컫는 말이다.

그런데 우리가 만나는 낭만적인 풍경의 시작은 그다지 낭만적이지 않다. 일제 강점기에 일본인들은 우리나라를 효과적으로 수탈하기 위해 그들의 배를 인도해 줄 등대를 이 땅 곳곳에 설치했는데, 우도등대 역시 그중 하나였다. 우리나라에는 우도등대와 같이 오랜 역사를 지닌 등대가 많다. 모양도 제각각이며, 저마다 특색도 다르다. 이들은 대부분 식민지라는 아픈 역사를 반추하는 시설물인 동시에 오랜 세월을 묵묵히 우리와 같이 해온 100년의 유산이기도하다.

바람이 시원한 언덕에서 우도등대를 바라보며, 마치 영화에서처럼, 끝 모를 푸른 바다 저 너머로부터 내가 불을 밝힐 때까지 기다리고 있을 누군가를, 그리고 저 너머에서 또 다른 불이 밝혀지기를 기다리는 내 모습을 상상해 본다. 실제로 이곳은 〈시월애〉〈인어공주〉〈연리지〉와 같은 영화 촬영지로도 유명하다. 한가로이 풀을 뜯는 말과 바람이 부는 대로 서로 몸을 부대끼는 억새들, 그리고 푸른 하늘 아래 새하얗게 빛나는 등대와 넓은 초원 한가운데서 나는 낭만을 꿈꾼다. 어쩌면 낭만을 꿈꾸게 하는 영화 속에 내가 있는지도 모른다.

 **이쯤에서 사진 한 장**

등대공원에 오르면 등대가 둘이다. 이 중, 옛 등대 옆에 인물을 세워 두고 빨간색 지붕의 등대가 있는 건물 난간에서 촬영하면 좋다. 그리고 검멀레로 내려가는 산책로에서 옛 등대를 바라보며 촬영해도 되는데, 오전에는 해를 등지기 때문에 문제가 없지만 오후에는 등대 위나 뒤로 빛이 들기 때문에 플래시를 사용해야 한다.

너무나 한가로운 탓일까? 초원 위의 말은 사진촬영에도 아랑곳 않고 꾸벅꾸벅 졸고 있다.

우도봉의 너른 억새군락에 서면 바람을 마음껏 안을 수 있다.

여행 즐기기

❶ 예전에는 우도를 돌아보려면 도항선에 차를 실어 와서 이동하거나, 우도 내의 4륜오토바이를 이용했지만 지금은 자전거나 우도 내에서만 운영하는 우도교통을 이용해 돌아보는 것이 일반적이다. 오천 원만 내면 우도 어디든 자유롭게 이용할 수 있다. 우도교통이 맨 처음 이끄는 곳이 바로 우도봉에 있는 등대다.

❷ 톨깐이 위에서부터 시작해 검멀레로 이어지는 걷기 코스는 조금 힘들지만 우도의 아름다운 자연을 감상하며 이동할 수 있어 힘든 만큼 보람있는 코스다. 우도 8경을 보기 위해서는 우도에서 1박을 하는 것이 좋다. 그래야 일출과 일몰을 비롯한 숨은 비경들을 두루 볼 수 있다. 봄에서 가을까지는 푸른 우도를, 늦가을부터 겨울엔 억새가 만발한 우도를 감상할 수 있다.

❸ 이곳은 날씨가 시시각각 변하기 때문에 비옷이나 우산을 꼭 준비하고 간단한 먹을거리와 여벌의 옷 등을 챙겨두는 것이 좋다. 미리 날씨를 알아보고 가면 도움이 된다.

❹ 우도는 자전거로 한나절이면 돌아볼 수 있다. 검멀레 해변과 바닷가에 바로 닿아 있는 동굴, 산호사해변, 〈인어공주〉 촬영지였던 톨깐이 등 우도를 대표하는 아름다운 풍경이 많으니 여유를 가지고 느긋하게 돌아보자.

주소	제주특별자치도 제주시 우도면
내비게이션 검색	'우도등대'
GPS 좌표	경도 126° 58' 3.6" 위도 33° 29' 21.2"

교통

대중교통 제주시외버스터미널 → 동회선 일주도로행 시외버스 → 성산포 항 여객터미널 → 우도 선착장 | 선착장에서 버스투어(우도교통), 자전거, ATV 오토바이 등을 이용할 수 있다.

자가용 ▶ 제주공항 → 1132번지방도 → 함덕 → 성산포 항 여객 터미널 → 우도 선착장

▶ 서귀포 → 1132번지방도 → 남원 → 성산포 항 여객터미널 → 우도 선착장

여행정보

● 제주 특별자치도 관광정보 http://jejutour.go.kr ● 제주시청 관광진흥과 064-728-2752
● 제주도 여행자 정보센터 http://cafe.naver.com/tourcj
● 우도를 찾는 사람들 http://iksingsing.com.ne.kr ● 우도면사무소 064-728-4354
● 제주 시외버스 운영회 064-753-3242 ● 우도교통 www.u-do.co.kr, 064-782-6000

소목마을에서 볼 수 있는 쪽배. 여름이면 수면이 개구리밥으로 뒤덮여 쪽배와 함께 환상적인 장면을 연출한다.

자연이 주는 마법 같은 휴식

겨울이나 봄에 우포에 가면 '이곳이 과연 늪인가' 하는 생각이 든다. 늪이라고 하면 어쩐지 질퍽거리는 진창이 생각나고 뭔가 음습한 분위기가 떠오르는데, 우포는 조용하고 아름다운 시골이다. 그러나 여름이 오면 이곳이 늪이라는 것을 실감하게 된다. 개구리밥과 같은 수생식물들이 습지를 뒤덮은 가운데 쪽배 하나가 반쯤 물에 잠긴 채 미동도 없고, 다른 쪽에는 나무들의 밑동이 반쯤 물에 잠겨 점점 더 늪으로 빠져드는 것 같다.

우포늪은 넓다. 한 번 찾아가서는 다 볼 수 없으며, 우포의 진면목을 보기에도 하루는 매우 짧은 시간이다. 우포를 처음 찾았을 때 어디서부터 어떻게 둘러봐야 할지 몰라 이리저리 헤매고 다녔던 기억이 난다. 이 넓은 우포에서는 편안한 여행을 기대하기도 힘들다. 유명 관광지처럼 편의시설이 많은 것도 아니고, 그저 물이 흐르거나 풀이 돋아난 비포장 흙길이 끝없이 이어져 있기 때문이다. 하지만 인공적인 것으로부터 어떠한 방해도 받지 않고 하루 종일 우포를 헤집고 다니면 몸은 고되지만 마음은 아주 편안해진다. 자연만이 부릴 수 있는 마법이다.

한때 우포늪도 농경지 확장 사업과 도시화 바람을 타고 제방을 쌓아 개간하려 한 적이 있다. 지금 목포늪 아래에서 토평천 입구까지 이어져 있는 긴 제방이 그 흔적인데, 이때부터 무분별한 폐수 유입과 낚시 때문에 오염되었다가 1990년대에 들어 비로소 학술적 가치가 인정되어 보존과 연구 활동이 시작되었다. 1998년에는 람사르 협약에 등록되었고, 지금은 생태 특별보호구역으로 지정되어 있다. 우포늪의 가치를 늦게 알아본 것이 부끄럽긴 하지만 더 늦기 전에 보호하게 된 것은 분명 다행스러운 일이다.

 **이쯤에서 사진 한 장**

늪을 배경으로 어디서나 우포만의 신비한 분위기를 담을 수 있다. 특별히 꽃을 배경으로 찍고 싶다면 우포 입구 미루나무 앞, 쪽지벌의 노랑머리 연꽃 군락지, 목포 쪽의 가시연꽃 군락지, 사지포제방의 물옥잠꽃, 소목마을 입구 내버들 군락지에서 촬영하면 된다.

해 질 녘 우포늪. 이곳에서 보낸 하루가 짧게만 느껴진다.

여행 즐기기

❶ 넓은 우포를 하루 만에 자세히 돌아보기는 어려우므로 출발하기 전에 꼼꼼하게 투어 계획을 세워야 한다. 일반적으로는 회룡리 생태학습원과 전망대가 있는 곳을 많이 찾으며, 소목리와 장제리에 있는 생태학습원, 그리고 우만리와 목포 방향으로 많이 찾아간다. 생태학습원이나 '푸른 우포 사람들'에 찾아가면 습지체험과 생태학습에 다양한 도움을 받을 수 있다.

❷ 철새를 관찰하려면 우포늪 전망대에서 쪽지벌 방향으로 들어가야 한다. 소목리에서는 쪽배를 볼 수 있고 주매리와 소목리, 콕포에서는 일출을, 세진리와 대대제방 위에서는 일몰을 감상할 수 있다.

❸ 우포늪이라는 이름을 실감하기 좋은 계절은 수생식물이 번성하는 여름이다. 반면 겨울에는 다양한 철새를 관찰할 수 있고, 봄에는 반쯤 물에 잠긴 나무들이 보여주는 반영을, 가을에는 갈대를 구경하기 좋다.

❹ 우포에서 창녕시를 지나면 창녕교동고분군이 있으며, 가을 억새로 유명한 화왕산에는 천년 신라의 역사를 간직한 관룡사와 용선대가 있다. 부곡온천관광특구에서는 온천욕으로 여행의 피로를 풀 수 있다.

주소	경상남도 창녕군 유어면
내비게이션 검색	'우포늪생태관'
GPS 좌표	경도 128° 25' 10.23" 위도 35° 32' 25.20"

교통

대중교통 창녕 버스터미널에서 대구 · 현풍 방향으로 건널목을 건너면 100m 지점에 영산 버스터미널이 있는데, 여기서 우포 가는 버스를 타야 한다.

▶ 한터 · 세진 방향 버스를 타면 우포늪 주차장에 바로 내릴 수 있는데 버스가 하루 세 번밖에 없다.

▶ 유어 · 적교 행 버스를 타면 회룡리(창녕환경운동연합)에 내려 약 30분 걸어야 된다.

▶ 대지 · 우만 방향 버스는 주매, 소목, 장재리에 내려 약 20분 걸어가면 된다.

자가용 ▶ 구마고속도로 창녕나들목 → 20번국도(합천 방향) → 우포생태학습원(옛 회룡초등학교) → 삼거리에서 우회전 → 회룡마을 → 세진리주차장 → 우포늪

▶ 구마고속도로 창녕나들목 → 20번국도(창녕읍내 방향) → 창녕읍 → 5번국도(대구 방향) → 교리 삼거리 → 1080번지방도 → 주매리 → 소목 버스정류장에서 좌회전 → 소목나루(우포늪)

여행정보

● 우포늪생태관 www.upo.or.kr, 055-530-2690~2 ● 우포늪 안내소 055-530-2161
● 푸른우포 사람들 www.woopoman.co.kr
● 창녕군청 www.cng.go.kr, 문화홍보과 055-530-2244~5

두 팔 벌리고 바람 맞으며 걷고 싶은 길

메타세쿼이아 가로수 길에 들어서면 가슴을 활짝 펴고
팔을 들어 바람을 맞아 보자. 누구나 차를 타고 이 길에 들어서면
창문을 열고 바람을 맞으며 천천히 달리고 싶어진다.

대나무의 고장 담양은 볼거리도 많고 맛 좋은 먹을거리도 많다. 게다가 메타세쿼이아 가로수 길, 관방제림, 죽녹원, 향교 등이 하루면 다 돌아볼 만큼 가까이 모여 있어 가벼운 마음으로 여행하기 좋은 곳이다. 여러 볼거리 중에서도 영화나 CF 촬영지로 이미 유명세를 탄 메타세쿼이아 가로수 길은 담양 여행의 첫 단추다. 담양군청이 있는 읍내에서부터 가로수 길이 시작되기 때문에 자동차를 가지고 가지 않아도 쉽게 찾아갈 수 있고, 나무가 만들어 주는 초록색 터널에는 청량감이 가득하다.

메타세쿼이아는 약 1억 년 전, 아시아와 북아메리카에 자생하던 수종이다. 매우 오랜 역사를 지닌 이 나무는 한동안 멸종된 것으로 여겨지다가 1940년 중국 오지에서 현생종이 발견되면서부터 전세계에 옮겨심어졌다. 우리나라에서는 1970년대 전국 가로수 조성사업의 일환으로 이 나무를 들여와 심었다.

가로수 길로 유명한 이곳 담양에서도 한때 도로확장공사를 위해 가로수를 베어버릴 계획을 세웠는데, 시민단체의 반대로 그 옆에 길을 냈다. 그때 나무를 없애버리고 길을 냈더라면 우리는 이 환상적인 풍경을 영영 잃어버렸을 것이다. 생각하니 아찔하다. 시민들의 사랑 덕분에 2006년 '한국의 아름다운 길 100선'에 담양읍 석당에서 금성면 석현교 구간의 가로수 길이 최우수상에 뽑히기도 했다. 바람과 대나무가 유명한 담양에 발음하기도 쉽지 않은 메타세쿼이아는 또 다른 아이콘이 되어가고 있다.

메타세쿼이아 가로수 길에 들어서면 가슴부터 활짝 펴고 팔을 들어 바람을 맞아 보자. 누구라도 차를 타고 이 길에 들어서면 창문을 열고 바람을 맞으며 천천히 달리고 싶지 않을까. 이 길을 걷는 사람이라면 시원하고 맑은 공기를 마음껏 마시고 싶지 않을까. 이 아름다운 길을 다정한 이와 함께 거니는 것은 행복 그 자체다.

 **이쯤에서 사진 한 장**

관방제림과 메타세쿼이아 길이 이어지는 곳에 휴게소가 있다. 이 휴게소에서 순창 방향으로 인물을 세워두고 촬영해 보자. 이때, 길 가운데보다는 오른쪽이나 왼쪽에 인물이 오는 것이 좋다. 그래야 길게 뻗은 가로수 길도 함께 담을 수 있기 때문이다. 지나는 차량이 적다면 도로 가운데서 두 팔을 벌리고 있는 뒷모습도 괜찮다.

담양의 또 다른 명물 관방제림. 오래된 나무가 만들어 주는 그늘이 넉넉하다.
그 아래서 맛보는 휴식은 꿀맛 아닐까.

가로수 길 옆 논에는 봄이면 자운영이 피고, 여름이면 초록물이 들고, 가을엔 누렇게 벼가 익는다.

여행 즐기기

❶ 메타세쿼이아 길을 다 걸으려면 꽤 많은 시간이 걸린다. 가로수 길이 시작되는 담양군청 앞보다 관방제림이 끝나는 길에서부터 금성면까지 나 있는 길이 더 아름답다. 그러니 전 구간을 걸을 수 없는 상황이라면 관방제림 끝에서부터 걸어 보기를 권한다. 그리고 순창 방향으로 갈수록 좀더 한가롭다.

❷ 죽녹원 앞에 메타세쿼이아 가로수길 이정표가 나오면 그 길을 따라 15분 정도 걸어가자. 곧 가로수길이 펼쳐지고, 그 길을 따라가다 보면 영화촬영지 현수막이 보이는데, 이 부근에서 자전거를 빌릴 수 있다.

❸ 담양의 먹거리로는 갈비살을 다져서 양념한 후 갈비뼈에 도톰하게 붙여 구운 떡갈비와 대나무에 쌀을 넣어 익힌 대통밥이 대표적이다. 한참을 걷고 나서 즐기는 맛있는 음식은 담양여행에 빠질 수 없는 즐거움이다. 한편, 읍내에는 대나무의 고장답게 각종 대나무와 관련된 상품들이 많다.

❹ 금성면 담양온천 위에 있는 금성산성은 지금 남아 있는 산성 중에 가장 아름다운 산성으로 꼽힌다. 읍내에 있는 죽녹원, 한국 대나무박물관, '제5회 아름다운 숲 전국대회'에서 대상을 수상한 관방제림도 함께 둘러보면 좋다. 또 광주호 방향으로 가면 소쇄원을 비롯해 식영정, 면앙정 등이 있고 인근에 한국 가사문학관도 있다.

주소	전라남도 담양군 담양읍 금월리 석당간~금성면
내비게이션 검색	'석당간교차로' '담양군청'
GPS 좌표	경도 126° 59' 56.99" 위도 35° 19' 6.79"

교통

대중교통 담양시외버스터미널이 있는 읍내에서 걸어가도 되는 거리다. 관방제림 길을 통과해서 가도 좋고 담양군청 앞에서부터 걸어도 좋다. 터미널 인근에 있는 자전거 대여점에서 자전거를 빌리는 것도 좋다.

자가용 호남고속도로 담양나들목→15번국도→24번국도(순창 방향)→메타세쿼이아 가로수길

여행정보

● 5월 초 담양 대나무 축제 개최 ● 담양군청 문화레저관광팀 061-380-3155, www.damyang.go.kr/tourism ● 담양버스터미널 061-381-3253

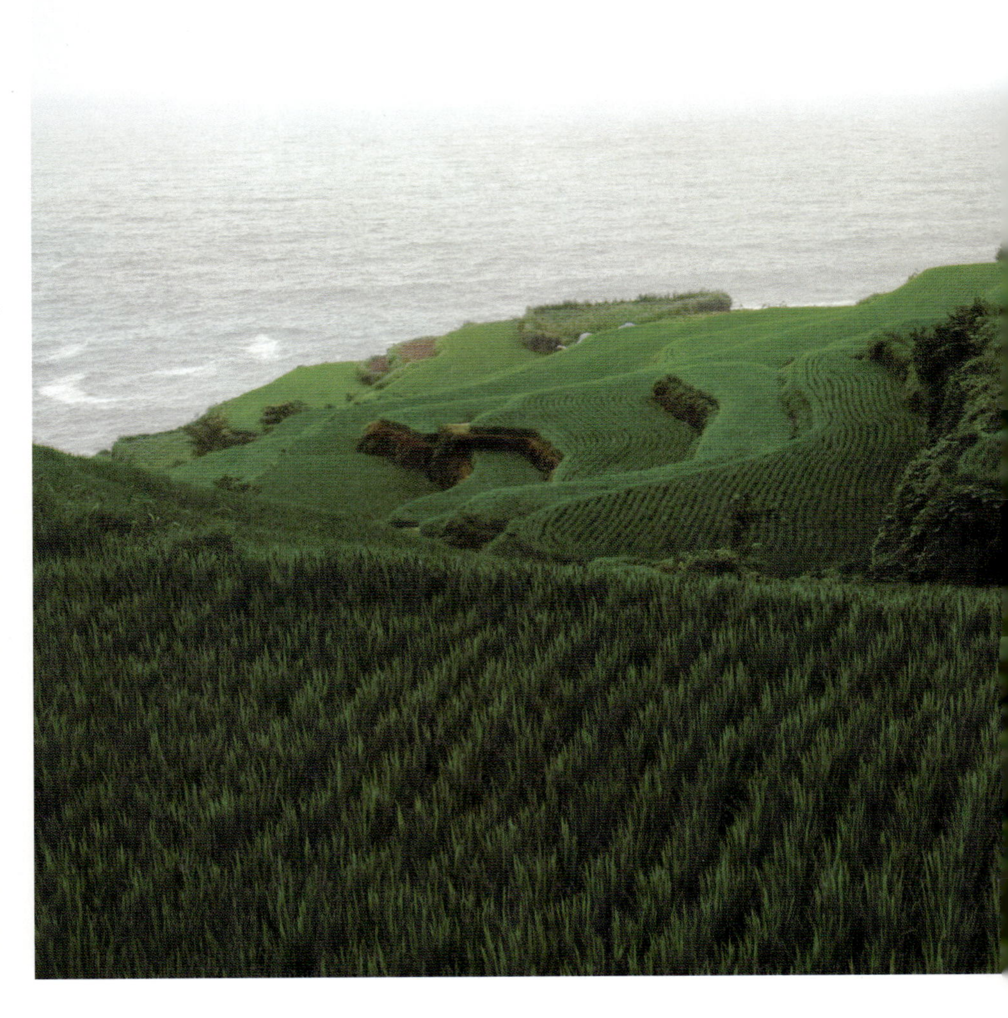

바닷가 지척까지 계단 논이 흘러내린 마을

밤새 내린 비가 아침이 돼서야 그쳤다.
가천분교 앞에서 바라본 다랭이논.
아침 안개가 바다와 계단 논을 포근하게 감싸고 있다.

남해안 가파른 산자락에 층층이 계단을 이루고 있는 다랭이논. 농기계의 도움을 받기에는 계단 논 한 층, 한 층의 면적이 너무 좁다. 그래서 힘들어도 일일이 사람 손으로 모를 심고 수확해야 한다. 다랭이 마을은 예부터 선착장도 만들 수 없을 정도로 파도가 거칠었다. 그래서 바닷가에 살면서도 어업은 꿈도 못 꾸던 사람들이 생각해낸 궁여지책이 바로 다랭이 논이었다. 그렇게 오랫동안 가꾸어진 계단식 논은 어느덧 이 마을만의 독특하고 아름다운 풍경을 만들어냈고, 명승지로 지정되어 많은 관광객을 불러 들이고 있다.

이곳은 마을과 논이 모두 산자락에 기대어 있다 보니 길도 산허리를 따라 구불거리며 돌아간다. 자동차를 타고 달리면 한쪽은 산, 반대쪽에는 바다가 펼쳐지는 풍경이 끝없이 이어진다. 바닷가 지척까지 흘러내린 다랭이 논도 아름답지만 이 마을엔 또 다른 볼거리도 많다. 마을 어귀에서 명물 노릇을 톡톡히 하고 있는 '암수 바위'는 신기할 정도로 남근 모양을 빼닮은 이 마을의 성석性石이다. 바닷가로 내려가면 동글동글한 몽돌이 파도에 씻기며 내는 '차르르륵' 소리가 듣기 좋다. 산자락에 앉은 집들은 대부분 바다를 향해 있어 어느 집에서 내다보아도 풍경은 그대로 그림이 된다.

누군가 나에게 우리나라에서 맛난 여행지가 어디냐고 물으면 나는 영광의 법성포와 해남, 그리고 이곳 다랭이 마을을 꼽는다. 이 마을에는 파전과 막걸리를 파는 집이 유난히 많다. 어디서나 먹을 수 있는 흔한 음식이지만 다랭이 마을에서는 음식 맛에 풍경 맛이 더해져서 오래도록 특별한 맛으로 기억된다.

다랭이 마을에 찾아간 날, 저녁을 먹고 민박집 주인과 두런두런 이야기를 나누었다. 이 마을도 예전 같지 않아서 가파른 논을 오르내리며 힘들게 농사 지으려는 사람이 점점 줄어들고 있다 한다. 가는 세월과 환경의 변화는 막을 수 없겠지만 훗날 다시 이곳을 찾았을 때도 지금처럼 아름다운 풍경이 남아 있기를 마음속으로 빌었다.

 **이쯤에서 사진 한 장**

다랭이 마을 안에 있는 폐교 앞에 서면 다랭이 논과 바다가 한눈에 들어온다. 여기서 촬영을 한다. 좀더 넓은 배경으로 촬영하기를 원한다면 마을로 들어오는 입구에 있는 전망대에서 찍으면 된다. 또는 바닷가 가까이 내려가 빨간 다리를 지나서 마을과 바다를 배경으로 촬영해도 좋다.

바닷가로 나오면 거친 파도와 아슬아슬한 바위를 만난다. 다랭이논을 만들 수밖에 없었던 이유를 알게 된다.

옹기종기 모여 있는 마을의 집들 어디에서나 바다가 보인다.

여행 즐기기

❶ 다랭이 마을은 어느 계절에 찾아도 좋다. 봄부터 가을까지는 다랭이 논을 빼곡히 메운 벼가 있어 보기 좋고, 겨울에는 일출을 보기 좋다. 특히 이 마을에 있는 민박집은 대부분 바다를 바라보고 있기 때문에 민박집 마당에서 멋진 일출을 볼 수 있다.

❷ 마을의 전경을 보기 좋은 포인트는 두 군데가 있다. 하나는 다랭이 마을 폐교 앞이고, 다른 하나는 다랭이 마을로 들어오는 입구에 있는 전망대다. 두 군데 모두 마을 전경이 한눈에 들어온다. 설흘산에 오르면 멀리 다도해까지 볼 수 있다.

❸ 마을에는 유흥시설이나 편의시설이 거의 없는 대신 매월 다채로운 문화행사가 열린다. 또한 농촌체험 프로그램도 운영되고 있으니, 적극적으로 참여해 보자. 골목골목 누비다 보면 이곳에서 대대로 살아온 사람들의 생활모습을 엿볼 수 있다.

❹ 남해 다랭이 마을 인근에는 천혜의 풍경을 가진 곳이 많다. 다랭이 마을에서 사천 방향으로 가면 금산과 보리암이 있으며, 금산 아래엔 상주해수욕장이 있고, 사천 방향으로 더 가면 창선 · 삼천포 대교와 원시 어업 방식인 죽방렴도 볼 수 있다.

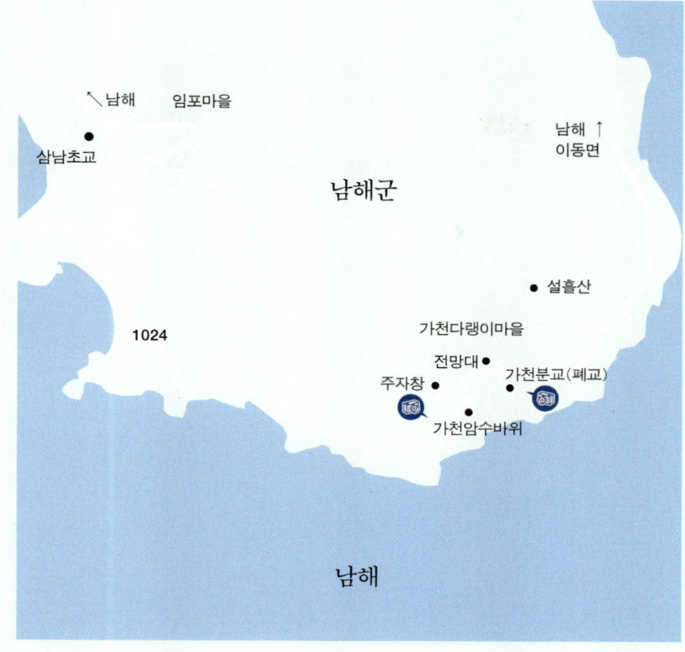

주소	경상남도 남해군 남면
내비게이션 검색	'가천마을'
GPS 좌표	경도 127° 53' 45.99" 위도 34° 43' 20.92"

교통

대중교통 남해버스터미널에서 남면 가천으로 가는 군내버스를 타고 종점에서 내린다(07:00~20:05, 1일 16회 운행).

자가용 남해고속도로 사천나들목 → 사천 → 창선·삼천포대교 → 지족리 → 19번국도 → 앵강고개 → 1024번지방도 → 월포 두곡 해수욕장 → 석교마을 농로 지난 뒤 좌회전 → 청소년 수련원을 지나 해안도로를 따라가면 다랭이 마을

여행정보

● 남해군 www.tournamhae.net, 문화관광과 055-860-3748
● 남해공용터미널 055-864-7101~3

다가갈수록 빠져드는 갯벌의 매력

낮에는 갯벌에서 신나게 놀고
저녁에는 차분하게 해넘이를 지켜보며 하루를 마무리하면
근사한 여행이 되지 않을까?

신발을 벗어들고 조심스럽게 한 걸음씩 앞으로 나아갔다. 미끈거리는 갯벌을 밟으니 따뜻한 기운이 느껴진다. 무른 벌을 디딜 때마다 발가락 사이로 개흙이 삐져나와 간지럽다. 그렇게 한참을 걸었나 보다. 바닷물이 갑자기 밀려오는 것을 알아차리고는 허겁지겁 뭍으로 발걸음을 돌렸다. 하지만 미끌거리는 갯벌은 좀처럼 속도를 허락하지 않는다. 가지고 있던 카메라 때문에 행여 미끄러져 넘어질까 걱정이 앞선다. 결국 무릎까지 걷어올린 바지를 적시고서야 간신히 갯벌에서 빠져나왔다. 동막해변 갯벌체험은 호기심으로 시작해 두려움 속에 있다가 싱겁게 끝이 났다.

강화도 동막해변은 캐나다와 미국의 동부해안과 유럽의 북해연안, 브라질의 아마존 강 유역과 더불어 세계 5대 갯벌 중 하나다. 밀물 때는 백사장 폭이 겨우 10~30m 정도에 불과한데, 물이 빠지면 장장 4km나 되는 갯벌이 드러난다. 넓은 갯벌에는 다양한 바다 생물이 살고 있어서 아이들과 함께 체험여행을 가는 가족이 많다. 해변에는 울창한 솔숲도 있고, 인근 분오리 돈대에 오르면 넓은 갯벌이 한눈에 들어오는 데다가 맑은 날에는 멀리 인천국제공항도 보인다. 다양한 볼거리가 있는 동막해변은 서울에서도 가까워 여름이면 많은 관광객이 몰린다.

아이들처럼 갯벌에서 마음껏 뛰고 뒹구는 것은 신나는 일이다. 하지만 한 번쯤은 물때를 맞춰 바닷물이 들고 나는 것을 가만히 바라보자. 특히 갯벌 저 끝에서부터 물이 들어오는 모습을 보고 있으면 말 그대로 물이 살아 움직이는 것 같은 느낌이 든다. '물밀듯이'라는 말을 실감하게 되는 순간이다.

동막해변은 해지는 풍경도 장관이다. 낮에는 갯벌에서 신나게 놀고 저녁에는 차분하게 해넘이를 지켜보며 하루를 마무리하면 근사한 여행이 되지 않을까? 혹시 날씨가 좋지 않아서 바다 너머로 떨어지는 해를 직접 볼 수 없더라도 너무 실망할 필요는 없다. 해안을 곱게 물들이는 저녁빛이 충분히 곱다.

 **이쯤에서 사진 한 장**

분오리 돈대 위에서 너른 갯벌을 배경으로 촬영하면 좋다. 돈대에서 내려와 동막해변으로 가면 도로 옆 해변에 나무솟대가 있다. 해변에서 촬영할 때는 배경이 단조로워서 사진이 심심해 보일 수 있으니 갯벌에 인물과 솟대를 같이 배치해 보자.

해지는 동막해변. 하늘빛이 곱다.

동막의 갯벌과 모래해변은 소년에게 바람을 선물했다.

여행 즐기기

❶ 동막해변은 강화도 본섬에 있는 유일한 해수욕장이면서, 갯벌체험을 하기 좋은 곳이다. 주변에는 먹을거리도 풍부한데, 특히 5~6월이 제철인 밴댕이는 가을 전어만큼이나 유명하다.

❷ 만약 일몰 사진을 찍고 싶다면 해지기 한 시간 전에는 자리를 잡고 삼각대를 설치하는 것이 좋다. 처음에는 노을이 서서히 번지다가도 일단 해가 지기 시작하면 진행 속도가 매우 빠르기 때문에 어영부영하다가는 일몰 장면을 놓칠 수 있다.

❸ 동막해변 뒤로는 마니산이 있고, 바닷길을 따라 북쪽으로 조금 더 가면 일몰촬영지로 이름 높은 장화리가 나온다. 강화 외포리선착장에서 배를 타고 석모도에 가서 민머루해변, 보문사, 삼량염전 등을 돌아보아도 좋다.

주소	인천광역시 강화군 화도면
내비게이션 검색	'동막해수욕장'
GPS 좌표	경도 126° 27' 47.31" 위도 37° 35' 17.90"

교통

대중교통 강화 시외버스터미널에서 동막리 행 시내버스(하루 7~8회 버스 운행)를 타면 된다. 서울 신촌에 강화로 가는 직행버스가 있다.

자가용 ▶ 서울외곽순환 고속도로 김포나들목 → 김포시 → 48번국도 → 강화대교 → 강화읍 → 84번 지방도 → 전등사 앞 → 정수사 입구 → 동막리

▶ 김포시 → 48번국도 → 김포 누산리 죄회전 → 양곡 → 김포 대명리 → 강화초지대교 → 함허동천 → 정수사 → 동막해변

여행정보

- 강화군 www.ganghwa.incheon.kr, 문화관광과 032-930-3625
- 강화시외버스터미널 032-934-9811

어두운 바닷가 홀로 불 밝히는 등대

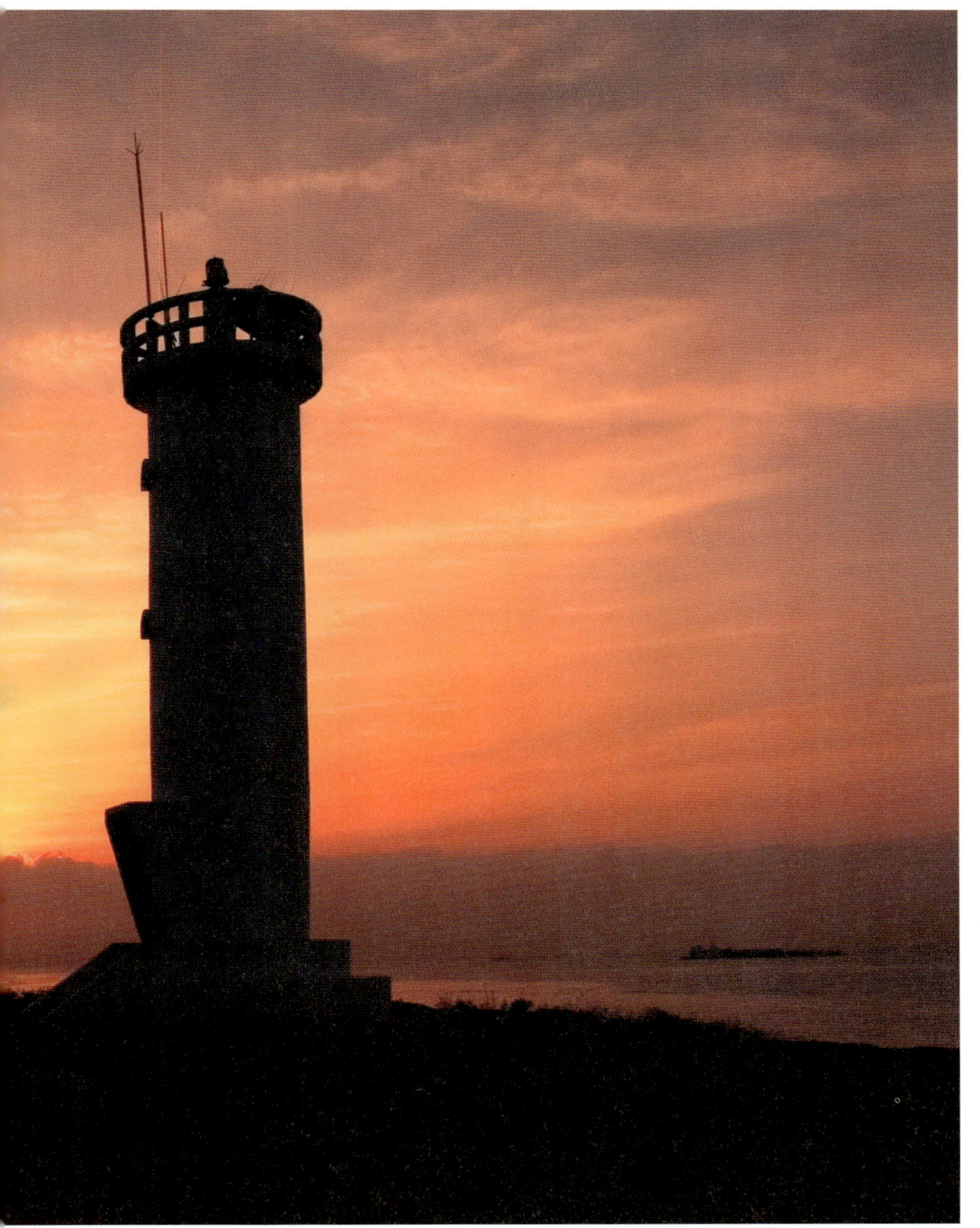

등대는 밤을 밝히고 떠오르는 해는 아침을 밝힌다. 슬도등대는 작은 섬에
홀로 서서 불을 밝힌다. 하지만 이곳을 오가는 배들에게 안도의 빛이자 든든한
길잡이가 되어 준다는 사실만으로도 등대는 결코 쓸쓸하지 않을 것이다.

울산에는 유명한 등대가 많다. 대왕암 공원에 있는 울기등대를 비롯해 간절곶의 등대가 유명한데, 이들에 비해 슬도등대는 많이 알려지지 않은 편이다. 그래서 아직은 인터넷과 같은 매체를 통해 흔히 찾을 수 있는 여행 정보조차 많지 않다. 1958년 처음 불을 밝힌 슬도등대는 방어진항 전면에 자리 잡고 있는 무인등대다. 지키는 사람도 없이 작은 섬에 홀로 서 있지만 벌써 50년째 인근 해역을 지나는 배들에게 안전한 길잡이가 되어 주는 고마운 존재다. 슬도에는 등대와 가로등 몇 개 말고는 아무것도 없다. 그런데도 사진을 찍어보면 허전하거나 휑한 느낌이 들지 않는다. 등대 너머로 해가 뜨는 장면은 말할 것도 없고, 한낮의 파란 하늘도 등대와 잘 어울린다.

슬도는 1990년대 말 작은 방파제로 육지와 연결되었다. 지금은 방파제를 따라 걸어 들어가면 등대를 가까이에서 볼 수 있지만, 그전까지는 찾는 사람도 없을 뿐더러 혹시 가더라도 배를 타야만 하는 진짜 섬이었다. 방파제가 놓인 뒤로는 슬도를 찾는 사람도 조금씩 늘고 있다. 하지만 해가 뜨는 시각, 인적 드문 슬도의 아침은 고요하기만 하다. 흰 포말을 일으키는 파도만 아니라면 너무 적막해 쓸쓸할 지경이다. 슬도는 파도가 바위에 부딪쳐 나는 소리가 거문고 소리처럼 들린다 해서 붙여진 이름이다. 섬의 이름을 처음 부른 사람은 아무것도 없는 섬에서 거문고 연주를 들을 만큼 낭만적인 감수성을 지녔었나 보다.

파도가 철썩이는 쪽으로 내려가 보면 갯바위에 크고 작은 구멍들이 나 있다. 모양이나 생김새가 서로 달라 하나씩 보고 있으면 무척 재미있다. 이 구멍들 때문에 슬도는 '곰보섬'이라는 애칭도 갖고 있다. 슬도처럼 섬 전체가 구멍으로 뒤덮인 경우는 다른 곳에서 쉽게 볼 수 없는 것이어서 지역주민들을 중심으로 연구·보존 노력이 이루어지고 있다. 슬도를 아끼는 사람들이 있으니 구멍난 갯바위도, 등대도 오래도록 아름답게 남을 것이다. 고마운 일이다.

이쯤에서 사진 한 장

등대에 다다르기 전 방파제 위에서 인물을 촬영하면 등대 전체를 배경으로 담을 수 있다. 등대 가까이 가면 방어진항 방향으로 또 다른 빨간 등대가 보인다. 이 방향으로 슬도등대 옆에 인물을 세우고 촬영하면 두 등대를 모두 배경에 담을 수 있다.

등대 뒤로 펼쳐진 파란 하늘이 시원하다. 날이 밝자 작은 등대가 더욱 크고 빛나 보인다.

바위에는 크고작은 구멍들이 가득하다. 조개들의 집단 주거지라고나 할까.

여행 즐기기

❶ 슬도등대가 인근 울기등대와 다른 점은 등대 주변으로 사방이 시원하게 트였다는 것이다. 주변에 다른 배경이 없으니 하얀 등대를 돋보이게 하는 것은 멋진 구름과 파란 하늘이다. 주로 비가 온 뒤나 여름철 폭풍이 지나간 후 잠깐 날씨가 개일 때 가장 멋진 하늘이 펼쳐진다. 이런 날을 택해 출사여행을 떠나보자.

❷ 슬도는 갯바위로 이루어져 있어서 주변에서 낚시하는 사람들을 심심찮게 볼 수 있다. 방어진에서 슬도 인근 해역으로 나가는 낚싯배도 이용할 수 있다. 등대에서 나와 방어진항으로 가면 20~30년 된 횟집이 즐비해서 신선한 자연산 활어와 해산물을 즐길 수 있다.

❸ 슬도등대 에서 가까운 대왕암도 일출명소다. 대왕암 위쪽으로는 일산해수욕장이 있으며, 방어진에서 부산 방향으로 가면 또 다른 일출명소로 이름난 간절곶이 있다.

❹ 울산시 송정동에 있는 무룡산에 오르면 울산공단을 한번에 조망할 수 있으며 특히 야경이 멋지다.

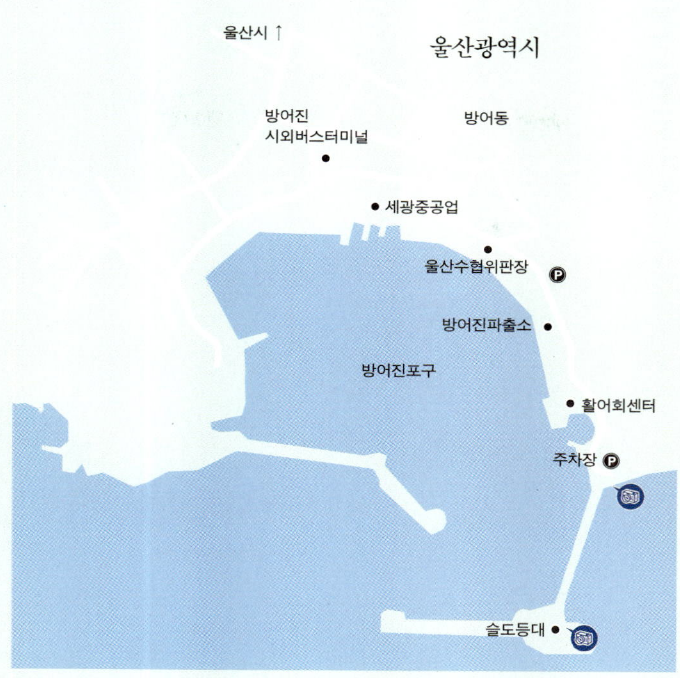

주소	울산광역시 동구 방어동
내비게이션 검색	'슬도'
GPS 좌표	경도 129° 26' 4.39" 위도 35° 28' 39.27"

교통

대중교통 울산 고속버스터미널에 내려 롯데호텔 앞으로 가면 방어진 행 시외버스를 탈 수 있는 정류장이 있고, 그 앞에 방어진 행 일반버스와 좌석버스를 탈 수 있는 정류장이 따로 있다. 방어진으로 가기는 마찬가지지만 시간이 맞으면 시외버스를 타는 것이 더 빠르다. 기차를 이용할 경우 울산역 앞에서 꽃바위행 112 1104 1114번 버스를 타고 방어진 버스터미널에서 내리면 된다.

자가용 경부고속도로 언양나들목 → 울산 → 아산로 → 운한삼거리 → 방어진 → 방어진 수협에서 좌회전 → 등대입구

여행정보

- 울산광역시 동구청 문화공보과 052-233-0108 www.donggu.ulsan.kr
- 울산광역시청 관광과 052-229-3852 ● 울산 시티투어 www.ulsancitytour.com
- 방어진터미널 052-232-3723

마음의 평안을 찾아 떠나네

아침 여명이 다도해를 감싸며 아름답게 펼쳐진다.
삶에 지쳐 위안을 받고 싶을 때,
남해의 푸른 바다를 굽어보고 있는 금산 보리암으로 가보자.

보리암은 우리네 고달픈 마음을 쓰다듬고 보듬어 주는 곳이다. 때로 삶에 지쳐 누구에게라도 위안을 받고 싶을 때, 남해의 푸른 바다를 굽어보고 있는 금산 보리암으로 가보자. 마음에 힘이 되는 위로를 받을 수 있는 공간이다. 남해 금산의 뛰어난 풍경 속에는 관세음 보살이 꼿꼿이 서서 아침이면 떠오르는 햇빛을 가득 안고 온화한 미소와 신비로운 기운을 풀어낸다.

보리암은 683년 원효대사가 창건했다. 그래서인지 여행을 하다 보면 심심치 않게 원효대사의 족적을 만날 수 있다. 이 땅의 아름다운 곳곳에 절을 지어 중생들을 구하고자 한 대사의 마음이 전해지는 곳이다. 보리암은 낙산사 홍련암, 강화도 보문사와 더불어 우리나라 3대 기도처 중의 하나로 알려져 있다. 이곳을 찾아 기도를 하면 반드시 한 번은 이루어 준다는데, 아름다운 풍경을 찾아 사진을 찍으러 다니는 나에게는 이곳에서 아침을 맞이한다는 사실만으로도 소원 하나가 이루어진 것이나 다름없다.

저마다 소원을 하나씩 품고 온 사람들의 기도 소리가 금산을 깨울 때쯤 태양의 붉은 기운이 다도해와 법당을 데우며, 사람들 가슴속에 온기를 불어넣어 준다. 마음의 안식을 바라며 찾아온 곳, 아침 공양을 마치고 산을 내려가는 신도들의 표정이 하나같이 맑고 밝다.

나는 보리암을 찾아 내가 하는 여행의 무사를 빌었다. 비단 보리암에서만이 아니다. 어디를 가든 작은 탑, 작은 불상 하나에도 내가 가는 길에 대한 평안을 구한다. 불자가 아님에도 기도를 하면 왠지 편안해지기 때문이다. 이곳을 찾은 다른 사람들도 그런 마음이 아닐는지. 온화한 표정을 짓고 있는 해수 관음상의 발 아래에서 멀리 다도해와 금산이 마주하는 풍경을 바라보며 이 땅을 여행하는 모든 이의 발걸음이 즐겁고 평안하기를 기도한다.

이쯤에서 사진 한 장

금산의 비경은 기암절벽 덕분에 형성된다고 해도 과언이 아니다. 이 기암으로 이루어진 각각의 보에 올라서서 주변 풍경과 함께 인물을 촬영해 보자. 바위로 이루어진 봉우리여서 위험하므로 각별히 조심해서 움직여야 한다. 넓은 배경과 인물을 적절히 살리려면 인물을 카메라 가까이에 배치해서 촬영하는 것이 좋다.

바다를 건너 보리암으로. 세상 사람들을 따뜻하게 보살피는 관음상의 인자한 모습이
여행자의 어깨를 가볍게 해준다.

제석봉에 서면 멀리 상주해변과 주변 기암들을 조망할 수 있다.

여행 즐기기

❶ 보리암에서 아침을 맞이하려면 두 가지 방법이 있다. 하나는 자가용을 이용해 아침 일찍 찾는 방법이고, 두 번째는 보리암에서 1Km 위에 있는 금산산장에서 숙박을 하는 것이다. 대중교통이 불편하기 때문에 산장에서 머물며 다양한 풍경을 감상해 보는 것도 좋은 방법이다.

❷ 일출이라고 해서 떠오르는 해를 바로 볼 수 있는 것은 아니다. 보리암의 아침 풍경은 해를 직접 보는 것이 아니라 붉은 기운이 산자락과 바다를 은근히 덮는 것이라 할 수 있다. 금산산장 가는 길목의 제석봉에서 바라보는 보리암의 모습과 보리암 바로 위에 있는 화엄봉에서 바라보는 풍경이 멋지다.

❸ 보리암을 품은 남해는 마늘과 멸치로 유명한 곳이다. 이 고장의 다양한 마늘 요리는 그 향과 맛이 좋고, 죽방렴을 이용해 잡은 멸치는 최고라고 할 수 있을 만큼 품질이 뛰어나다.

❹ 다랭이논으로 유명한 가천의 다랭이 마을과 상주 해변, 그리고 삼천포 방향 바닷가에 있는 죽방렴과 일몰은 남해에 들르면 반드시 봐야 할 아름다운 풍경들이다.

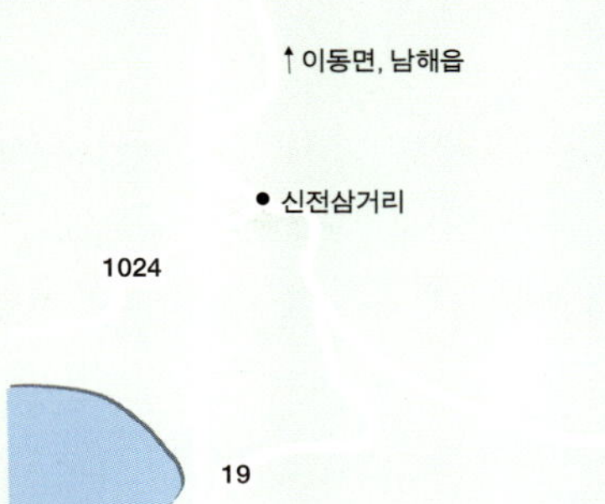

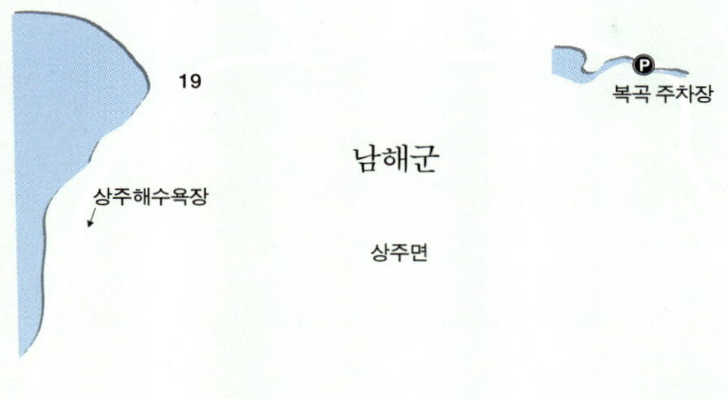

주소	경상남도 남해군 상주면
내비게이션 검색	'보리암'
GPS 좌표	경도 127°59' 31.23" 위도 34°45' 6.22"

교통

대중교통 시외버스를 타고 남해버스터미널로 간다. 남해읍에서 군내버스를 타고 복곡 입구에서 내린 다음, 보리암 행 셔틀버스나 택시를 타야한다. 남해읍 남해우체국 앞에서 신도들을 위한 버스가 보리암 까지 무료로 운행한다.

자가용 남해고속도로 진교나들목 → 1002번지방도 또는 하동나들목 → 19번국도 → 남해대교 → 남 해읍 → 이동면(미조방향) → 복곡주차장 → 보리암 제2주차장

여행정보

- 남해군 www.tournamhae.net, 문화관광과 055-860-8601
- 보리암 055-862-6115 / 6500 ● 남해군시외버스터미널 055-864-7104

울창한 전나무 길에 들어서면 나무와 땅이 뿜어내는 진한 숲 향기에 기분이 좋아진다.

흙냄새, 나무 냄새 맡으며 절집으로 드는 길

월정사는 신라 선덕여왕 12년643에 자장율사가 창건하여 천년이 넘는 역사를 간직한 고찰이다. 하지만 안타깝게도 그동안 여러 차례 화재로 소실되고 복원하기를 반복한 탓에 지금 남아 있는 전각들은 모두 한국전쟁 이후에 지은 것이다. 절집만 놓고 보면 오랜 역사에 비해 묵은 맛이 덜하지만 국보 제48호 팔각구층석탑을 비롯한 많은 보물과 문화재가 남아 있어 한번쯤 찾아가 볼 만한 곳이다.

한편, 이곳은 사찰 자체의 명성도 자자하지만 입구의 전나무 숲길로 더 유명한 절이기도 하다. 하늘을 향해 곧게 뻗은 전나무가 빼곡하게 서 있는 숲길은 금강교에서 일주문까지 1km 정도 이어지는데, 전나무길에 들어서는 순간 나무와 땅이 뿜어내는 진한 향기에 기분이 좋아진다.

그런데, 월정사에는 한 가지 특이한 점이 있다. 보통 절집은 제일 먼저 일주문을 지난 다음, 안으로 더 들어가면 대웅전을 비롯한 전각들이 있는 것이 일반적인 구조다. 하지만 월정사는 주차장에서 금강교를 건너면 바로 절 마당이 나오고, 금강교에서 전나무숲길을 따라가면 그제야 일주문이 나온다. 왜 그럴까?

전나무 숲길도 원래는 다른 사찰처럼 일주문을 지나 절로 들어가는 진입로였다. 그런데 월정사를 찾는 사람들이 많아지자 숲이 조금씩 훼손되었고, 숲을 보호하려고 스님들이 마련한 대책이 길을 우회하여 금강교 앞에 주차장을 만든 것이었다. 그러다 보니 절집에 들어가는 순서는 반대가 되어버렸지만 이런 노력 덕분에 전나무숲은 여전히 건강하다. 숲길의 공기는 맑고 시원해서 이 길을 한 번 걷고 나면 온몸에 깨끗한 산소가 채워지는 느낌이다.

 **이쯤에서 사진 한 장**

전나무 길 중간쯤에 이르면 성황각이 있다. 이쯤에서 월정사 방향으로 촬영하거나, 곳곳에 놓인 벤치에 앉아 촬영해도 된다. 낮에도 숲이 어둡기 때문에 삼각대를 이용하는 것이 좋으며, 높이 솟은 전나무를 효과적으로 담으려면 세로 프레임으로 촬영하는 것이 좋다.

오대천의 맑은 물. 시원한 물소리는 가슴속까지 맑게 씻어준다.

여행 즐기기

❶ 전나무 길은 사계절 내내 푸르다. 신록이 우거지기 시작하는 5월에서 여름까지는 주변의 나무들까지 모두 푸르고, 가을에는 주변 참나무류에 단풍이 들어 푸른 전나무와 어우러진다. 겨울이 오면 잎을 떨구어 버린 다른 나무들 사이에서 단연 푸른빛을 발하는 전나무를 볼 수 있다. 운이 좋으면 아침 안개로 뒤덮여 신비로운 분위기가 나는 전나무길을 걸어 볼 수도 있다. 안개가 끼지 않더라도 새벽에 산책하면 낮보다 청량한 기운을 느낄 수 있다.

❷ 월정사에서 상원사 쪽으로 조금 걸어가면 아름답기로 소문난 월정사 부도밭이 나온다. 월정사까지 갔다면 부도밭은 빠트리지 말고 둘러보자. 부도밭을 지나 이 길을 따라 8km쯤 더 들어가면 상원사가 있으니 여유가 있으면 두 절을 함께 둘러 보는 것도 좋다.

❸ 월정사에서는 산사체험 프로그램을 진행하고 있다. 한 번쯤 지친 일상에서 벗어나 조용한 수행의 시간을 가져 보자.

❹ 월정사에서 월정리 방향으로 돌아나오면 한국 자생식물원이 있다. 이곳은 우리나라 고유의 꽃과 나무들로만 구성되어 있는 식물원이다. 대관령 옛 휴게소 방향으로 가면 양떼목장으로도 갈 수 있다.

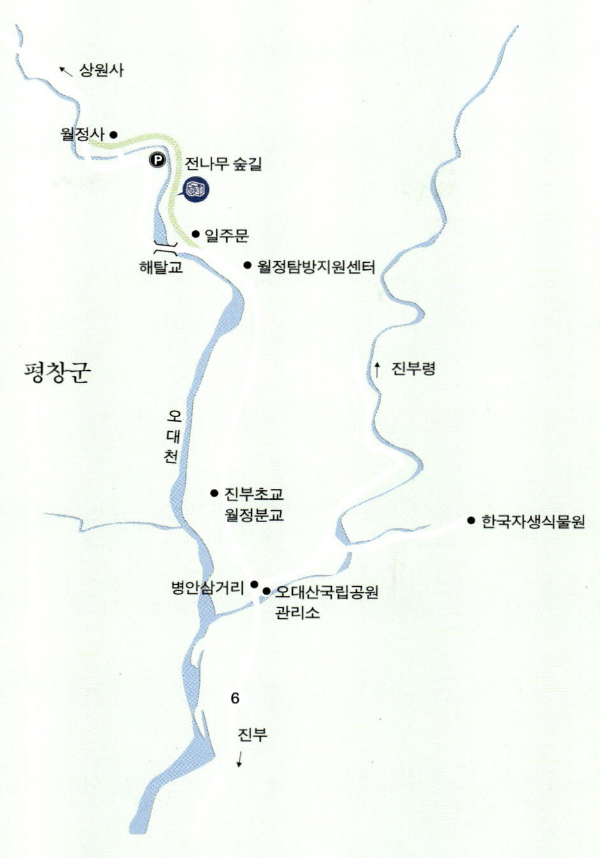

주소	강원도 평창군 진부면
내비게이션 검색	'월정사'
GPS 좌표	경도 128° 35' 52.10" 위도 37° 43' 38.43"

교통

대중교통 진부버스터미널에서 월정사·상원사 행 버스를 타고 월정사 주차장에 내린다.

자가용 영동고속도로 진부나들목 → 6번국도(주문진 방향) → 월정 삼거리에서 좌회전 → 간평교 삼거리에서 좌회전 → 월정사 앞 주차장

여행정보

- 평창군청 www.happy700.or.kr, 문화관광과 033-330-2399
- 월정사 www.woljungsa.org ● 진부시외버스영업소 033-335-6307

가을

|아름다운 계절이 가기 전에 길을 나서라|

순천만이 아니면 불가능한 풍경

갯벌 사이로 가느다랗게 이어진 물줄기와 동그란 갈대군락,
우아한 S라인 물줄기는 순천만이 아니면 절대 볼 수 없는 풍경이다.
그 속에 뛰어들 수 없다는 사실이 마냥 아쉽다.

순천만에

해가 지고 있다. 이곳을 아는 사람들이 입을 모아 칭송하는 환상적인 일몰은 아니다. 해넘이를 방해하듯 낮게 깔린 구름이 야속하다. 그럼에도 순천만 갯벌은 늘 그랬던 것처럼 서서히 붉게 물들어간다. 구름 뒤로 번지는 은은한 노을이 가슴에 스며든다.

순천만은 전남 고흥군과 여수시, 보성군에 걸쳐 복잡한 해안을 이루고 있는 연안 습지다. 한때는 아무도 일구지 않는 버려진 땅으로 여겨지기도 했지만, 8백만 평이 넘는 갯벌과 갈대밭, S자형 수로 등이 어우러진 아름다운 경관 덕분에 지금은 명승지로 지정되어 있다. 뿐만 아니라 습지의 특성상 자연정화작용이 활발해 넓은 갯벌에 다양한 생물이 살고, 세계적으로 희귀한 새들도 날아든다. 지난 2006년에는 연안습지 최초로 국제습지조약인 람사르 협약에 등록되어 세계적으로 가치를 인정받았다.

나무 데크를 따라 갈대밭 사이로 들어가 산책하는 것도 근사한 일이지만 순천만의 진면목은 숲속터널을 지나 용산 전망대에 올라야 볼 수 있다. 전망대에 서면 광대한 순천만이 한눈에 들어온다. 갯벌 사이로 가느다랗게 이어진 물줄기와 동그란 갈대군락, 우아한 S라인 물줄기는 순천만이 아니면 절대 볼 수 없는 풍경이다. 그 속에 뛰어들 수 없는 것이 마냥 아쉽다. 순천만은 무조건 가봐야 한다. 사진 속 풍경보다 더 많은 것이 우리를 기다리고 있기 때문이다.

전망대에서 해넘이를 기다리며 순천만을 바라보는데, 하얀 왜가리가 둥그런 갈대 속을 빠져나와 부드럽게 날갯짓하며 물길을 가로지른다. 수묵화 같은 단색조 갯벌에서 물길을 선회하며 날아가는 모습이 저녁 빛을 받아 더 예쁘다. 그 모습은 곧 내 카메라의 사각 프레임 안으로 들어온다.

전망대에서 갈대숲으로 내려오면서 조금 전에 본 장면을 다시 떠올려 보니 잠시 꿈을 꾼 것 같은 생각이 들었다. 봄날에 꾼 꿈. 나른해진다.

 **이쯤에서 사진 한 장**

용산 전망대는 3층 구조로 되어있다. 인물을 제일 하단부에 세우고 2층에서 순천만을 배경으로 촬영하면 되는데, 이때 인물과 순천관을 돌아보는 탐방선이 함께 나오도록 타이밍을 맞추어 보자. 해가 넘어갈 때는 플래시를 터트려주는 것이 좋다.

용산으로 오르며 바라본 대대동. 나무 데크를 따라 갈대밭을 거니는 것도 근사한 일이다.

빨강, 노랑, 초록이 뒤섞인 순천만 풍경. photo by cookie

여행 즐기기

❶ 순천만의 여행 포인트는 용산 전망대에서 바라보는 일몰과 S라인 물길이다.일몰감상을 위해서는 해지기 1시간 전에는 전망대에 도착하는 것이 좋고, 아무 때나 환상의 S라인 물길을 볼 수 있는 것이 아니므로 물때를 확인하고 가야 한다. 물때표 확인(순천만닷컴) www.suncheonman.com

❷ 일몰이 가장 아름다운 계절은 겨울이다. 이 때는 흑두루미를 비롯한 철새들도 볼 수 있다. 한편, 갯벌에서 자라는 붉은색 칠면초와 푸른 갈대를 보려면 여름과 가을이 제격이다.

❸ 낮에는 대대포구에서 출발하는 선상투어로 순천만에서 와온해변까지 탐방하고, 해 지기 전에 전망대에 올라 일몰을 보는 일정도 추천할 만하다.

❹ 조계산 자락에 있는 선암사는 천년 역사를 지닌 사찰로 입구의 승선교와 더불어 문화재로 등록된 해우소가 유명하다. 선암사에서 굴목이재를 넘으면 송광사가 있는데, 입구의 벚꽃 터널 길이 아름답다.

❺ 벌교 방향으로 가면 조선시대 서민 마을 모습이 잘 보존된 낙안읍성민속마을이 있고, 시내에는 드라마 〈사랑과 야망〉 세트장이 있다.

주소	전라남도 순천시 대대동
내비게이션 검색	'순천만자연생태관'
GPS 좌표	경도 127° 30' 36.0" 위도 34° 52' 58.26"

교통

대중교통 순천고속터미널이나 순천역에서 67번 버스를 타고 순천만에서 내리면 된다(1일 31회 운행).

자가용 호남고속도로 순천나들목 → 22번국도 → 남교오거리 → 순천만

여행정보

- 10월 중순경 순천만갈대축제 개최 | 축제 문의 www.reeds.co.kr
- 순천시청 문화관광과 061-749-3328, www.suncheon.go.kr/home/tour
- 순천만 사이버 자연생태공원 www.suncheonbay.go.kr ● 순천터미널 061-744-6565

그곳은, 조용하고 맑고 깨끗했다

인생은 꼭 길 없는 숲 같아서 거미줄에 얼굴이 스쳐 간지럽고 따갑고, 한 눈은 가지에 부딪혀
눈물이 나기도 한다. 그러면 잠시 지상을 떠났다가 돌아와 다시 새 출발을 하고 싶다.
세상은 사랑하기 딱 좋은 곳. 여기보다 좋은 곳이 또 어디 있을까?
– 로버트 프로스트 '자작나무' 중에서

마을로 들어가는 입구에 잠시 머물며 그림 같은 풍경에 취해 있을 때 강 건너편에 수달 한 마리가 등장했다. 주변을 경계하면서 물속과 뭍을 오락가락하는 몸짓이 귀엽다. 설마 이방인을 향한 환영행사는 아니겠지?

방우리는 행정구역상 충청남도 금산군에 속하면서도 정작 금산으로 통하는 길은 없고, 전라북도 무주를 통해서만 다른 지역과 소통할 수 있는 마을이다. 구불거리며 흘러가는 금강과 첩첩한 산자락에 막혀 마을로 들어가는 길도 변변치 않다. 마을에 직접 닿는 대중교통은 택시밖에 없고, 그나마 지금처럼 도로를 넓힌 것도 불과 10여 년 전이었으니, 그야말로 오지 중의 오지다. 그런데도 사람들은 방우리를 찾아 여행을 떠난다.

방우리로 가는 길에 생각해 본다. 도시 사람들은 언젠가 나이 들면 시골에 가서 꽃과 채소를 가꾸며 자연과 더불어 살고 싶다는 이야기를 한다. 그러나 실제로 그런 삶을 살기란 쉽지 않다. 그동안 너무나 도시적인 삶을 살아왔기 때문이다. 늘 자연을 동경하며 그 속에서의 삶을 원하지만 자연도 쉽게 허락하지 않는다. 그래서 가끔 이렇게 외딴 시골길을 거닐며 삶의 위안을 받는 것이 아닐까.

힘들게 찾아간 방우리는 조용하고 맑고 깨끗했다. 오지 마을이라는 이유로 관광객이 밀려와도 사람들은 여전히 강물과 산자락에 기대 농사를 지으며 산다. 오래된 흙집도 있고, 집앞에 가지런히 일구어 놓은 밭고랑은 그리 넓지도 않다. 산자락에 서 있는 자작나무 가지는 유난히 하얗고, 요즘은 보기 드문 미루나무도 마을을 지키고 있다.

여행은, 새로운 에너지를 얻는 하나의 방법이다. 숲 한가운데 자작나무에서, 물가에서 방금 올라온 수달에게서, 햇살에 반짝이는 강물에서……. 가는 길 험하고 맛난 먹을거리도 없지만, 마음 편히 보고 쉬었으니 그것으로 됐다. 중요한 것은 마음 깊은 곳의 만족이다. 여행의 시작과 끝도 바로 거기에 있는 것이 아닐까.

 **이쯤에서 사진 한 장**

수통리 적벽이나 방우리 입구인 선바위 앞에서 고갯길을 배경으로 촬영해 보자. 산자락 곳곳의 자작나무도 사진 찍기 좋은 소재다. 이른 새벽이라면 강가에 비친 반영들을 촬영해도 좋다. 이때는 반드시 삼각대를 이용해야 만족스런 결과물을 얻을 수 있다.

그림 같은 풍경에 취해 있을 때 강 건너편에 수달 한 마리가 등장했다.

방우리와 외부세계를 연결해주는 길. 구불구불 이어진 길을 따라가면 다른 세계가 나올까?

여행 즐기기

❶ 방우리는 큰 방우리(원방우리)와 작은 방우리(농원마을)로 나뉘는데 경치는 농원 쪽이 좀더 아름답다. 농원마을에는 시원하게 펼쳐진 금강을 따라 플라이낚시를 즐기는 사람들이 많이 찾아온다. 단순한 관광이 목적이라면 편의 시설이 전혀 없기 때문에 반나절 이상 머물기 힘들다.

❷ 농원마을로 들어서는 고개부터 수통리 금강 적벽이 보이는 곳까지 거리는 대략 3km. 이 구간은 트래킹을 하기에 제격이다. 요즘은 이곳에서 오프로드를 즐기는 사람도 많다.

❸ 수통리는 방우리와 가까운데도 편하게 갈 수 있는 도로가 없다. 요즘은 금강 적벽을 찾아 여행을 하는 사람이 많아지다 보니 최근 들어 금산군에서 수통리와 방우리를 잇는 도로 건설을 추진하고 있다. 방우리에는 관광객을 위한 편의시설이 없기 때문에 출발하기 전에 미리 간단한 먹을거리를 준비해야 한다.

❹ 내도리에 유원지가 있고 무주 방향으로 나가면 무주리조트와 덕유산, 무주구천동을 돌아볼 수 있다. 부남면으로 가면 강변유원지와 함께 금강을 따라 다양한 레포츠를 즐길 수 있다.

❺ 여행사 중에 '오지마을기행'이라는 테마로 방우리와 인근 지역을 돌아보는 여행상품을 판매하는 곳도 있다. 취향이나 여건에 따라 이용해 보는 것도 나쁘지 않다.

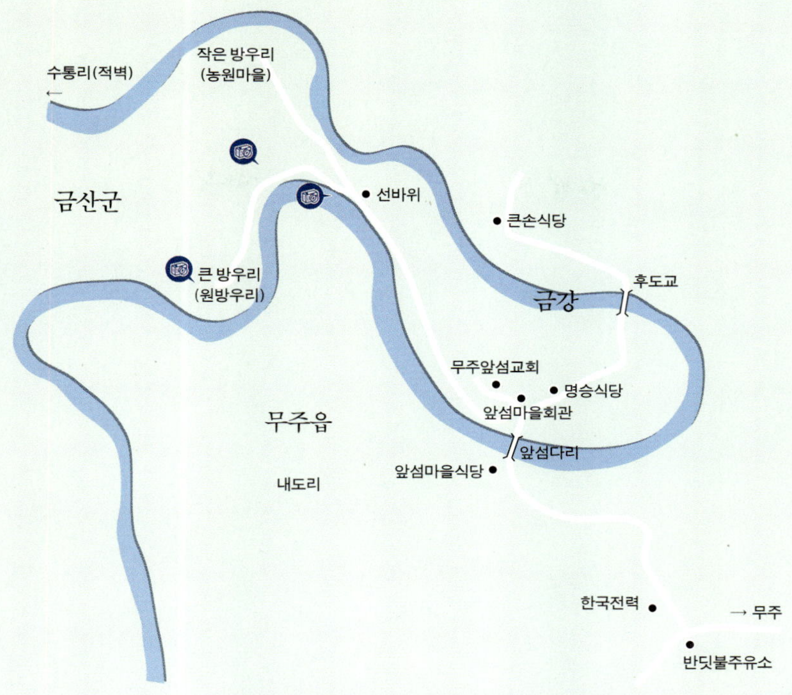

주소	충청남도 금산군 방우리
내비게이션 검색	'명승식당'
GPS 좌표	경도 127° 38' 10.31" 위도 36° 1' 43.30"

교통

대중교통 시외버스를 타고 무주까지 가서 택시를 이용해야 한다. 또는 금산읍에서 수통리 방면 시내버스(06:00~19:50, 1시간 간격, 40분 소요)를 이용하는 방법도 있다. 아직까지 방우리로 직접 가는 대중교통은 택시 말고는 없다.

자가용 대전 진주간 고속도로 무주나들목 → 무주읍 → 무주군청 → '현대슈퍼'를 끼고 좌회전 → 내도리길 → 앞섬다리 → 삼거리에서 '명승식당'간판을 보고 좌회전 → 앞섬마을 '어부의 집'에서 왼쪽 전도마을회관(앞섬 노인정)건물을 끼고 좌회전 → 앞섬다리 밑으로 내려가는 둑방길(비포장) → 시멘트길 → 선바위 → 삼거리 왼쪽 → 원방우리 (앞섬다리에서 원방우리까지는 2.1km 정도. 고개 너머 마을까지는 다리에서 3km 정도 잡으면 된다.)

여행정보

- 금산군청 www.geumsan.go.kr, 문화공보관광과 041-753-4350
- 무주버스터미널 063-322-2245

골목길 돌담 따라 낯선 시간이 흐르네

병영 한 골목은 기다란 길이 하나로 이어져 있어서 붙은 이름이다.
이름 그대로 골목에 들어서면 입구에서 한참을 걸어야 끝이 난다.

네덜란드

동인도 회사 소속 상선 '스페르베르 호'의 선원이었던 한 남자는 타이완을 거쳐 일본 나가사키로 가는 도중 풍랑을 만나 제주에 표착하게 된다. 그 후 이 남자는 서울로 압송되었다가 다시 강진의 전라병영에 배속되어 잡역에 종사하게 된다.

강진 병영면에 있는 병영마을에 들어서면 옛날 돌담이 정겹게 길손을 맞이한다. 기와를 얹고 흙에 돌멩이를 빗겨 쌓은 이 담은 마을을 따라 이어지다 끊어지기도 하고 간혹 현대식 벽돌로 이어지다 다시 돌담으로 이어지기를 반복한다. 이 골목의 돌담과 같은 형태를 '하멜식 담 쌓기'라 부르는데, 낯선 타국 조선에 표류해 전라병영에서 부역을 하던 하멜 일행이 이곳에 머물렀던 흔적이다. 비슷한 시기에 우리나라에서 쌓은 돌담과는 다른 형식, 다른 모양을 하고 있는 이 담은 하멜 일행이 이곳에서 지내는 동안에 그들의 고향인 네덜란드식으로 쌓은 것이다.

당시 조선에는 하멜과 같은 인물이 또 있었는데 바로 '박연'이다. 그도 조선 땅에 표류한 이방인이었는데, 조선에 귀화하여 살면서 조선 여인과 결혼도 하고, 나라에 많은 공을 세우기도 했다. 반면 하멜 일행은 박연에 비해 잘 적응하지 못하고 늘 고향으로 돌아갈 날을 그리며 지냈다고 한다. 한 골목의 돌담은 당시의 필요에 의해 쌓은 것이기도 하겠지만, 네덜란드 선원들이 향수를 달래고자 이 같은 모양으로 쌓은 것인지도 모르겠다.

집집마다 감나무엔 감이 주렁주렁 매달리고 한해의 수확을 걷어 담 밖에서 말리는 모습은 여느 시골마을과 다르지 않다. 정갈한 담은 이 골목 풍경과 아주 잘 어울린다. 하멜의 고향 네덜란드에도 이와 같은 담이 남아 있다고 하니 지구 반대편의 서로 다른 문화권에서 같은 담을 만나게 되는 셈이다. 여행할 때, 알고 가는 것과 모르고 지나가는 것의 차이는 꽤 크다. 한 골목의 돌담으로 인해 네덜란드의 시골에 있는 담이 궁금해진다. 그래서 언젠가는 그곳에 가보고 싶다는 생각이 든다.

 **이쯤에서 사진 한 장**

병영마을의 골목을 지나면 높이 2m가 넘는 담이 나온다. 여기서 인물이 담에 기대어 있는 모습을 촬영하거나 골목에서 자연스럽게 걸어나오거나 들어가는 모습을 담으면 좋다. 이때 인물은 골목 중간에, 촬영자는 담에 붙어서 촬영하면 된다.

낯선 여행자를 무심히 바라보는 황구 머리 위에 잘 익은 감이 주렁주렁 달려 있다.

모양이 서로 다른 돌을 빗살무늬로 엮어놓은 모습이 예쁘고 운치 있다.

여행 즐기기

❶ 강진 병영마을은 의외로 넓으며, 골목의 폭도 좁게는 2m에서 6, 7m되는 곳도 있다. 그래서 넓다는 의미의 '한' 골목이 됐다. 골목 자체가 문화재로 등록되어 있으며, 하멜식 담은 병영면 공용터미널에서 세류교를 지나 우회전한 뒤 병영교회를 지날 때까지 이어진다.

❷ 병영마을 안에는 병영교회, 800년 된 은행나무, 80년 역사의 동영정미소, 홍교 등이 있다. 구석구석 돌아다니며 병영마을의 보물을 찾아보는 것도 재미있다. 또한 2m 높이의 담장 안을 상상해 보거나 하멜이 되어 고향을 그리며 마을을 돌아보는 것도 색다른 재미다.

❸ 병영마을은 가을에 특히 아름답다. 집집마다 감나무에 감이 주렁주렁 달리고, 골목길에 빨간 고추를 가지런히 내놓고 말리는 풍경을 볼 수 있다. 마을 전체가 크고 작은 역사이므로 미리 역사 공부를 하고 여행하면 더욱 재미있는 추억으로 남을 것이다.

❹ 인근에 조선시대 전라도 육군의 총 지휘부였던 전라병영이 있으며, 병영마을 안에는 하멜기념관을 만들고 있다. 병영면에서 옴천면을 지나면 산세가 아름다운 월출산을 따라 무위사와 성전면 차밭이 펼쳐진다. 병영면에서 강진읍을 지나면 정약용의 유적지인 다산초당이 있으며, 강진읍엔 시인 김영랑의 생가가 있다.

주소	전라남도 강진군 병영면
내비게이션 검색	'전라병영성지' '병영교회'
GPS 좌표	경도 126° 49' 21.92" 위도 34° 43' 0.7"

교통

대중교통 강진버스터미널에서 병영, 옴천 방향 버스를 타고 병영면 소재지에 내리면 된다.

자가용 광주 → 나주 13번 국도 → 영암 → 영암 청풍휴게소 → 400m 진행 후 좌회전(장흥 방향) → 강진군 옴천면 → 병영면소재지(전라병영성)

여행정보

● 병영면사무소 061-430-5682
● 강진군 www.gangjin.go.kr, 문화관광과 관광개발팀 061-430-3170~2

황금빛 그늘이 드리운 낭만의 길

오후 햇살을 받으며 노란색 터널 길을 한가로이 걷고 싶지 않은가.
추억이 소중한 까닭 중 하나는 그것을 담을 수 있기 때문이다.
가슴속에 그리고 한 장의 사진으로.

그곳에 가면 노란색 눈이 내린다. 사방이 온통 황금색인 아치형 터널 아래 수북이 쌓인 노란색 눈은 길을 거니는 사람들에게도, 자동차를 타고 지나는 이들에게도 잊지 못할 추억이 된다. 만약 오후에 이곳을 찾는다면 눈부신 햇살까지 터널에 새어들어 황금빛 풍경을 더욱 찬란하게 만들 것이다. 사랑이 필요한 이라면 꼭 오후에 이 길을 걸어야 한다. 가슴 한 구석 빈 자리를 황금빛 아름다움이 환하게 채워 줄 테니.

이 길은 바로 '송곡리 은행나무 가로수길'이라고 불리는 지방도로다. 현충사 가는 길에 있는 이 황금터널은 우리나라에서 가장 긴 은행나무 길이다. 송곡리에서 현충사 진입로까지 약 1.2km. 이 길에 수령 4, 50년 된 은행나무 350여 그루가 곡교천을 따라 길게 이어져 있다. 은행나무 길 옆에는 새로 만들어진 도로가 잘 닦여 있는데도 은행이 노랗게 물드는 가을에 새 도로를 이용하는 사람들은 별로 없다. 차가 꼬리에 꼬리를 물고 이어져 있더라도 모두 은행나무 길로 들어온다. 빨리 갈 필요도 없고 막혀있는 차들을 향해 왜 속도를 내지 않느냐고 다그치는 사람도 없다. 모두가 편안한 마음으로 황금 터널을 즐겁게 감상하며 기꺼이 여유를 즐긴다. 잘 만들어진 길 하나가 선사하는 마법과 같은 선물이다.

지난 2000년과 2001년 연속으로 전국에서 가장 아름다운 숲에 선정된 이 길의 묘미는 뭐니뭐니해도 길 위에 쌓인 은행잎을 스치며 천천히 드라이브하는 것이다. 친구끼리 또는 연인끼리 은행잎을 뿌리고, 맞고, 자박자박 밟으며 거니는 것 또한 가을을 제대로 느끼는 한 방법이다.

추억이 소중한 까닭 중 하나는 그것을 담을 수 있기 때문이다. 가슴속에, 그리고 한 장의 사진으로. 많은 시간이 지난 뒤, 책갈피에 끼워진 은행잎 한 장 덕분에 사람들은 그때를 돌아보며 입가에 미소를 머금기도 한다. 은행나무 길에 머물다 가는 시간은 잠시일지 모르지만, 우리도 언젠가 이 한때를 그리워하는 날이 올 것이다.

 **이쯤에서 사진 한 장**

은행나무 길은 평상시 차도로 이용되기 때문에 사진을 촬영하기에는 다소 불편하고 위험하다. 따라서 안전을 위해 은행나무에 바짝 붙어 촬영해야 하며, 차가 덜 지나갈 때나 잠시 없을 때를 기다려 촬영하는 인내심이 필요하다. 햇살이 자연스럽게 스며드는 시간대에 은행나무를 옆에 두고 인물사진을 찍어 보자.

지금 사랑하고 있다면 손을 잡고 이 길을 걷거나 차를 타고 천천히 드라이브해 보자.

곡교천에서 바라보면 은행나무길이 얼마나 긴지 알 수 있다.

여행 즐기기

❶ 노랗게 물든 은행나무 길을 여유있게 즐기려면 이른 아침시간이 적당하다. 그렇다고 사람이나 자동차가 없는 것은 아니지만 그나마 한적하기 때문이다. 봄이나 여름철엔 푸른 은행나무 길의 청량감을 맛볼 수 있으며, 가을에는 노랗게 물든 최적의 가로수 길을 만날 수 있다. 흐린 날 보다는 맑은 날, 햇빛이 은행나무 옆으로 스며드는 아침과 오후가 산책하며 감상하기에 적당하다.

❷ 은행나무 길은 찻길과 인도가 따로 있는 것도 아니고 갓길에 차를 세워두기도 힘들다. 따라서 자동차를 가지고 간다면 인근 현충사나 곡교천에 만들어 놓은 간이 주차장에 차를 세워두고 걸어가는 것이 좋다.

❸ 은행나무 길 인근에 현충사가 있다. 이순신 장군의 정신을 기리는 곳으로 충무공의 영정과 유물이 보관되어 있다. 인근에는 온천이 많이 있어서 편안하게 온천욕을 하며 쉬기도 좋다.

주소	충남 아산시 염치읍 송곡리-백암리
내비게이션 검색	'충청남도 중소기업 종합 지원센터'
GPS 좌표	경도 127° 0' 48.66" 위도 36°47' 47.59"

교통

대중교통 아산(온양)버스터미널에서 시내버스(900 920 940번)를 타고 현충사에 내려 20분 정도 걸어가면 된다. 아산(온양)버스터미널에서 택시를 타면 약 10분 소요, 요금은 3000원 정도 나온다.

자가용 ▶ 경부고속도로 천안나들목 → 21번국도 → 39번국도 → 충무교 우회전 → 624번지방도 → 현충사

▶ 서해안고속도로 서평택나들목 → 39번국도 → 충무교 → 624번지방도 → 현충사

여행정보

● 아산시 문화관광과 041-540-2544, www.asan.go.kr/tour
● 온양시외버스터미널 041-542-6848

오랜 이야기가 흐르는 너른 들판

황금빛 출렁이는 너른 들판에 곡식이 익어가듯 두 그루 소나무의 사랑도 익어간다.
소나무가 간직하는 이야기도, 이곳을 찾은 사람들이 담아가는 이야기도,
모두 악양 들판처럼 넉넉하고 따뜻했으면 좋겠다.

두 그루

소나무는 언제부터 있었던 것일까? 왜 두 그루 일까? 사람들은 그 소나무를 보고 '서희와 길상 나무'라고 했다. 그래서일까, 소나무는 서로가 살포시 기대어 사랑을 확인하는 듯 보인다. 소설 『토지』에 나오는 서희와 길상의 사랑은 로맨틱한 것은 아니다. 오히려 애증에 가깝다고 할 수 있는데도 두 주인공의 이름을 얻은 소나무는 무척 낭만적으로 보인다. 어쩌면 우리가 꿈꾸는 사랑의 모습을 나무에 투영했기 때문인지도 모르겠다.

악양 땅은 원래 섬진강 줄기였던 곳을 메워 지금의 드넓은 들판을 가지게 되었다. 1300년 전, 당의 소정방이 이곳 풍경을 보고는 중국 호남성에 있는 악양과 비슷하다 해서 붙인 지명이 지금까지도 불리고 있다고 한다. 지명의 유래를 알고 보니 저 두 그루 소나무가 있던 자리는 원래는 섬이었던 것이 아닌가. 그 때는 외로웠을 소나무가 대지를 만나고 사람과 함께 하면서 또 다른 이름과 삶을 이어가게 된 것이리라.

박경리 선생은 소설 『토지』를 집필하면서 지리산과 섬진강이 만난 악양벌의 풍요로움에 주목하였고, 그 아름다운 풍광을 배경으로 글을 완성했다. 비록 이 소설의 영향으로 악양은 너른 벌판보다 최참판댁으로 더 유명해지긴 했지만…….

그래도 악양벌의 주인공은 누가 뭐래도 서희와 길상이라 불리는 두 그루 소나무다. 나무는 오랜 세월 그곳에서 삶을 살아온 한 사람, 한 사람의 역사만큼 많은 이야기를 찐득하니 지녔을 테고, 앞으로도 새로운 사람을 만나고 이야기를 품은 채 살아갈 것이다. 소나무가 간직하는 이야기도, 이곳을 찾은 사람들이 담아가는 이야기도, 모두 악양 들판처럼 넉넉하고 따뜻했으면 좋겠다.

늦은 가을에 만난 악양벌에는 누렇게 익은 벼들이 바람에 하늘거리다 고개를 숙인 채 한살이를 마감할 준비를 하고 있고, 곳곳에 허수아비들은 서로가 저마다 자신이 서희 아씨라고 말하는 듯 맵시를 뽐내고 있다. 풍요로움과 여유가 들판 가득 펼쳐진다.

이쯤에서 사진 한 장

인물은 소나무를 배경으로 왼쪽이나 오른쪽의 농로에서 포즈를 취하고, 카메라가 시점보다 낮은 앵글로 멀리서 촬영하는 것이 좋다. 상반신만 나오는 것보다 전신이 나오게 찍는 것이 들판을 더 넓게 보여준다. 이때 우산 같은 작은 소품을 이용해 촬영하면 더 예쁜 사진을 얻을 수 있다.

최참판댁 사랑채 앞에서면 악양들판이 한눈에 들어온다

누렇게 익은 들판위로 햇살이 눈부시다.

여행 즐기기

❶ 평사리 최참판댁 가는 길 건너편에 들판으로 가는 작은 도로가 있다. 이 길로 들어서서 한참을 가야 소나무가 있는 곳에 다다른다. 소나무를 중심으로 어느 방향이든 풍경이 멋진데, 특히 이른 아침, 소나무 오른쪽으로 보이는 산자락 위로 해가 솟아오르는 풍경은 한번쯤 사진으로 담아볼 만하다.

❷ 소나무 주변으로 봄에는 청보리가 익어가거나 자운영이 피고 여름엔 이 들판이 푸른빛으로, 가을엔 황금빛으로 물들며, 겨울엔 하얀 눈으로 뒤덮인다. 같은 장소지만 철마다 서로 다른 풍경을 만날 수 있다. 또 위로는 구례, 아래로는 하동으로 연결되는 길은 이른 봄 '섬진강 십리 벚꽃 길'로 불리는 환상의 드라이브 코스다.

❸ 이곳 특유의 먹을거리로 평사리 보리라면이 있으며, 가을엔 악양면 대봉감이 유명하다. 하동군 야생 차밭에서 생산된 차도 한 잔 마셔보자.

❹ 악양면에서 가장 유명한 여행지는 소설 토지의 배경이 된 '최참판댁'일 것이다. 최참판댁에서 왼쪽으로 길을 따라가다 나오는 한산사를 통해 약 0.7km 가면 신라시대에 축성된 것으로 보이는 고소산성에서 악양 들판을 조망할 수 있다. 또, 구례방면으로 조금 더 가서 화개장터와 쌍계사를 둘러보아도 좋다.

주소	경상남도 하동군 악양면
내비게이션 검색	'최참판댁'
GPS 좌표	경도 127° 41' 27.59" 위도 35°8' 59.29"

교통

대중교통 시외버스를 타고 하동까지 간 다음, 하동버스터미널에서 악양 행 군내버스를 타고 하평마을 에서 내리면 된다(50분 간격 운행, 20분 소요).

자가용 남해고속도로 하동나들목 → 19번국도 → 평사리삼거리 → 1003번지방도 → 악양

여행정보

- 매년 5월경 하동야생차 문화축제 개최 ● 악양면사무소 055-880-6081
- 하동군청 문화관광과 055-880-2375, http://tour.hadong.go.kr
- 하동시외버스터미널 055-883-2662~3

마음 내킬 때까지 쉬었다 오고 싶은 섬

명사십리에서 장자도 뒤로 떨어지는 해넘이를 보는 순간 마음까지 포근하고 따뜻해진다.
정해진 목적지를 향해 바쁘게 움직이는 여행이 있는가 하면,
한 곳에 머무르며 편안한 휴식을 취하는 여행도 있다.
선유도는 마음 내킬 때까지 머무르며 편안하게 쉬고 싶은 섬이다.

군산항에서

약 50km 떨어진 고군산군도古群山群島의 중심에 자리한 선유도. 선유봉 정상의 모양이 두 신선이 마주보며 바둑을 두는 모습과 닮았다 하여 붙여진 이름이다. 정해진 목적지를 향해 바쁘게 돌아다니는 여행이 있는가 하면 한 곳에 머무르며 편안한 휴식을 취하는 여행이 있다. 선유도는 마음 내킬 때까지 머무르며 편안하게 쉬고 싶은 섬이다. 혼자서 한가로이 여유를 즐기기에도 제격이다.

선유도에 가면 다른 섬들과 다른 몇 가지를 발견하게 된다. 첫 번째는 이름이 꽤 알려져 있음에도 비교적 한산하다는 것이다. 내륙에서 다소 먼 거리에 있어서 다른 유명한 섬에 비해 찾는 이가 적기 때문이다. 그래도 여름 성수기에는 제법 부산스러우니 선유도의 멋을 제대로 느끼려면 여름철 성수기보다 봄이나 가을에 찾아가는 것이 좋다. 기대한 만큼 호젓한 여행을 할 수 있다. 두 번째는 무녀도, 장자도, 대장도가 서로 다리로 연결되어 네 섬을 한꺼번에 돌아볼 수 있다는 것이다. 세 번째는 이 섬의 주요 이동수단이 자전거라는 점이다. 주민들이 이용하는 차량을 제외하고는 모든 교통수단이 오토바이나 자전거다. 선착장 인근이나 민박집에서 자전거를 빌려 네 섬을 한 바퀴 돌아보는 것은 선유도에서 해봐야 하는 필수 코스다. 시원한 바다 바람을 맞으며 달리는 기분이 색다르다.

또한 '선유8경'을 빼놓고 선유도를 말할 수 없는데, 하나하나 빠짐없이 감상하기엔 며칠의 시간도 짧기만 하다. 그중에 제 1경인 선유낙조仙遊落照는 바다 한가운데 점점이 떠 있는 조그만 섬들 사이로 해가 지면서 하늘과 바다가 모두 황금빛으로 물드는 환상적인 광경을 보여준다. 선유봉이나 망주봉에 올라 해지는 광경을 본다면 오래도록 잊지 못할 것이다.

선유도 앞바다에 물이 빠지면 작은 바위섬까지 물길이 열린다. 갖가지 조개며 게, 고둥이 가득한 갯벌에서 조그만 생물들이 꼬물꼬물 기어다니는 모습을 보고 있으면 시간 가는 줄 모른다.

 **이쯤에서 사진 한 장**

선유봉에서 장자도 쪽으로 지는 일몰을 배경으로 실루엣 촬영을 하거나, 명사십리에서 장자도 방향으로 인물을 촬영해도 멋지다. 특히 자전거를 소품으로 이용해 명사십리 해변 둑길에서 촬영하면 이국적이고 낭만적인 사진을 얻을 수 있다.

조개를 캐러 가는 아낙의 모습을 보면서 황금빛 갯벌이 그녀에게
황금과 같은 행운을 안겨 주기를 바라 본다.

선유봉에서 내려다본 풍경. 떠나오기 전 조급했던 마음이 모두 가라앉는 것이 느껴진다.

여행 즐기기

❶ 선유도에 도착하면 선착장에 줄줄이 묶여 있는 자전거가 먼저 반긴다. 자전거를 이용해 천천히 섬을 둘러보면 그 중심에 망주봉이 있고 자전거가 달리는 길을 따라 명사십리가 펼쳐진다. 망주봉은 전체가 바위섬이기 때문에 등산화를 신고 오르는 것이 좋고, 명사십리 반대쪽에서 등반할 수 있다. 여름철 비가 많을 때는 망주봉 정상에서 쏟아지는 폭포가 장관이다.

❷ 선유도에서 장자도 가는 길에 있는 선유봉 등산로를 따라 정상에 오르면 선유도 전체를 조망할 수 있다. 또, 여기서 장자도를 배경으로 해가 지는 모습을 볼 수 있다.

❸ 선유도는 사계절 어느 때나 좋지만 특히 봄부터 가을까지가 여행하기에 좋다. 겨울에 눈이 오면 조금 다른 선유도를 만날 수 있다. 겨울과 같은 비수기에는 식당이나 민박 등이 영업을 하지 않는 경우도 많으므로 편의시설이 부족하다.

❹ 다리로 연결된 섬 네 개를 다 둘러보는 것도 좋고, 선유팔경을 따라 자전거로 다녀 보는 것도 매력 만점이다.

주소	전라북도 군산시 옥도면 선유도리
내비게이션 검색	'군산항국제여객터미널' '군산연안여객터미널'
GPS 좌표	경도 126°59'56.99" 위도 35°19'6.79"

교통

대중교통 군산 연안여객터미널에 선유도로 가는 배가 있다. 평상시 1일 7회 운항, 여름 휴가철엔 증편, 차량 운반은 안 된다.

자가용 서해안고속도로 동군산나들목 → 전주 군산간 산업도로 21번(군산외항 방향) → 자동차도로 종점 → 신호등에서 우회전 → 군산해양경찰서 사거리 우회전 → 군산1부두 좌회전 → 국제여객선터미널 → 연안여객터미널

여행정보

- 군산시청 문화관광과 063-450-4000, http://tour.gunsan.go.kr
- 군산시외버스터미널 063-442-3747 ● 군산연안여객터미널 063-472-2712
- 계림해운(주) 063-467-6000, www.gyerimhaeun.com
- (주)한림해운 063-461-8000, www.hanlimhaeun.co.kr

자라섬에는 자라가 없다. 대신 아름다운 풍경과 환상적인 음악이 있다.

음악과 함께 더욱 빛나는 자연

많은 사람들이 여행을 떠날 때 필수품으로 MP3 플레이어를 챙긴다. 긴 시간 이동할 때 지루함도 달랠 수 있고, 여행지에서 좋아하는 음악을 들으며 풍경을 감상할 수도 있기 때문이다. 그런데 여행지에서 직접 보고 듣는 공연 무대에는 훨씬 마음을 들뜨게 하는 생동감이 있다.

매년 9월이면 재즈를 사랑하는 이들이 경기도 가평 자라섬에 모여 축제를 연다. 재즈의 질펀한 선율이 밤하늘을 울리면 이곳에 모인 수많은 사람들은 음악이 이끄는 세계로 천천히 빠져든다. '자라섬 국제 재즈페스티벌'은 국내의 내로라하는 연주자는 물론 세계적인 아티스트를 만날 수 있는 축제의 장이다. 축제가 열릴 때면 가까운 지역에서 당일 여행으로 자라섬을 찾는 사람도 많지만, 재즈 마니아들은 아예 텐트를 치고 축제가 끝날 때까지 자라섬에 푹 빠져 지내기도 한다.

자라섬은 재즈페스티벌을 계기로 이름이 알려졌다고 해도 과언이 아니다. 그런데 2008년 여름, 자라섬이 또 한 번 세간의 집중을 받을 일이 생겼다. 올해로 74회를 맞는 세계 캠핑캐라바닝대회가 자라섬에서 열리는 것이다. 자라섬은 수려한 경관과 훼손되지 않은 자연 환경을 간직하고 있어 캠핑족들 사이에서는 인기 있는 장소였다. 캠핑대회 덕분에 더 다양한 캠핑시설이 갖추어졌으니 앞으로는 더 편리하게 자라섬에서 음악과 별이 흐르는 밤을 보낼 수 있게 되었다.

아침 일찍 일어나 텐트 밖으로 나온다. 강물에서 피어오르는 물안개를 구경하고, 새파란 잔디밭과 하얀 흙길을 따라 산책을 한다. 미루나무와 버들가지가 늘어선 그늘에서 편안한 오후를 보내고, 밤이 되면 음악 소리에 귀를 기울이는 하루. 꿈속이 아닌, 자라섬의 하루다.

이쯤에서 사진 한 장

자라섬 입구 주차장에서 자라섬에 높게 서 있는 미루나무를 배경으로 촬영해 보자. 자연스럽게 산책하는 모습이 자라섬과 잘 어울린다. 아침 일찍 촬영하려면 플래시나 삼각대를 이용하는 것이 좋다.

새벽 이슬이 차갑게 느껴지는 시간에 만나는 물안개. 자라섬이 더욱 인상적으로 기억된다.

여행 즐기기

❶ 자라섬은 북한강에 있는 작은 섬이다. 인근 남이섬에 비해 개발이 늦게 이루어진 덕분에 지금도 미루나무와 버들가지 등 바람 따라 자연스럽게 흔들리는 나무들이 물안개와 함께 멋진 모습을 보여준다. 물안개는 특히 봄이나 가을처럼 일교차가 심할 때나 여름철 비가 온 뒤에 볼 수 있다. 이른 아침 해가 뜰 무렵에 산자락 사이로 보이는 운해도 환상적이다.

❷ 자라섬 일대에는 계절마다 해바라기, 코스모스 같은 꽃들이 핀다. 약 4km에 이르는 산책로를 따라 섬 주변을 산책해 보자. 눈이 즐겁다.

❸ 춘천 방향으로 가면 남이섬이 있다. 자라섬보다 일찍 유명세를 타서 관광객이 더 많다. 인근 연인산 자락의 용문사와 용추계곡은 가족단위로 여름을 즐기기 좋고 가을 단풍으로도 유명하다. 또한 북한강변에는 수상스키 등 레포츠를 즐길 수 있는 곳이 많다.

주소	경기도 가평군 가평읍
내비게이션 검색	'자라섬'
GPS 좌표	경도 127° 31' 36.70" 위도 37° 48' 46.22"

교통

대중교통 서울 상봉동 또는 동서울버스터미널에서 춘천 행 버스를 탄다. 가평터미널에 내려 15분 쯤 걸어가면 된다. 청량리역에서 경춘선 기차를 타고 가평역에 내려 걸어가도 된다.

자가용 ▶ 강변북로 → 남양주 문화 체육관 → 경춘국도 → 도농삼거리(춘천, 청평 방향) → 평내 · 마석 → 새터삼거리 → 대성리 → 청평 → 가평읍 진입 전 SK주유소에서 우회전 → 가평종고 정문 지나 작은 다리 건너기 전 좌회전 → 자라섬 입구

▶ 88올림픽도로 → 미사리 → 팔당대교 건너 우회전 → 팔당터널 → 조안나들목(청평, 가평, 춘천 방향) → 서울종합촬영소 → 새터삼거리 → 이후 위와 같음.

여행정보

- 매년 9월경 자라섬 국제 재즈페스티벌 개최, 축제 문의 www.jarasumjazz.com
- 자라섬 www.jarasum.net ● 가평닷컴 www.gp114.com
- 가평군 문화관광 www.gp.go.kr/site/tour ● 가평역 031-581-2855

고요한 수면에 작은 파장조차 없다면 영원히 시간이 멈춘 듯 보일 것이다.

시간도 멈춘 사색의 공간

500년 세월을 조용히 지내온 작은 저수지가 사람들이 많이 찾는 여행지가 된 것은 김기덕 감독의 영화 〈봄, 여름, 가을, 겨울 그리고 봄〉을 통해서였다. 영화 촬영 세트는 철거되고 없지만 영화의 배경이 된 장소라는 이유만으로 이곳을 찾아오는 사람들이 점점 많아지고 있다. 그럼에도 주산지 가는 길은 늘 불편하다. 자가용을 이용하지 않는 한 부동면 버스정류소에서 꼬박 3km는 걸어야 한다. 하지만 이런 불편을 감수하면서까지 주산지를 찾는 사람들의 발길이 끊이지 않는 데는 그럴 만한 까닭이 있다. 물안개에 휩싸인 저수지, 저수지에 몸을 담근 왕버들과 너무 고요해서 무서울 만큼 적막한 주변 풍경, 바람 한 점 없는 잔잔한 수면 위에 그려진 산과 나무의 그림자……. 시간도 멈춘 것만 같은 새벽녘 주산지. 그곳에는 다른 어디에도 없는 신비가 흐른다.

주산지가 뿜어내는 신비함은 물과 세상의 경계에 있다. 어느 쪽이 물속인지 세상인지 구분하는 것은 어쩌면 무모한 짓인지도 모른다. 누구든 주산지를 찾거든 이곳에서 오랜 시간 바라보며, 생각에 잠겨보자. 조용한 공간은 아무 말이 없지만 바로 그 침묵이 사람들에게 사색의 시간을 가지라고 말하고 있는 것인지도 모른다. 그렇게 정지한 시간이 지나고 서서히 여명이 밝아오면 하나 둘씩 이곳의 모습이 드러나기 시작한다. 비로소 하늘이 하늘임을, 나무가 나무임을, 물속이 물속임을 알게 되고 사람들도 현실로 돌아갈 시간임을 알아차린다.

해가 뜨고, 모든 것이 이미 선명해진 가운데 새벽녘의 여명에 미련이 남는다. 여명처럼 희미한 것들은 가슴에만 담고 아침 햇살 아래 선명한 풍경처럼 힘찬 하루를 살아야 할 시간이다.

이쯤에서 사진 한 장

주산지 안쪽으로 계속 들어가면 전망대가 나온다. 이곳에서 물속의 왕버들을 배경으로 촬영하면 된다. 만약 빛이 부족한 이른 시각이라면 ISO값을 올려 주는 것이 좋고, 삼각대를 이용해야 흔들림 없는 결과물을 얻을 수 있다.

아무 때나 주산지의 모습이 신비로 가득한 것은 아니다. 계절과 시간은 주산지 여행에서 가장 중요한 조건이다.

여행 즐기기

❶ 주산지는 신록이 돋기 시작하는 4~5월과 단풍이 절정인 10월이 가장 아름답다. 특히 이른 새벽 물안개가 오르는 때부터 동이 트는 시간에 신비로운 분위기가 감돈다. 그러니 주산지의 진면목을 보려면 근처에서 1박을 하고 새벽에 서둘러 주산지를 찾는 것이 좋다.

❷ 주산지에서 걸어나오는 길은 주변이 온통 사과 농원이다. 봄철에는 사과 꽃에 취해 걷는 재미도 느껴 보자. 가을엔 이곳에서 수확한 사과를 길가에 내놓고 저렴하게 팔기 때문에 청송의 꿀 사과도 맛볼 수 있다.

❸ 주산지에서 차로 20여 분 가면 주왕산이 나온다. 주왕산은 등산로가 잘 닦여 있고, 산세 또한 아름답기 때문에 많은 사람들이 찾는다. 주산지를 보고 주왕산에 오르는 코스로 여행하는 것도 괜찮다.

❹ 주산지 주변에는 편의시설과 먹을거리, 숙박시설이 부족하기 때문에 주왕산 입구에 머물며 여행을 해야 한다는 점이 불편하다. 그래도 주산지를 찾았다면 별미 하나쯤은 맛보고 가는 게 좋지 않을까. 주왕산 청송 얼음골 막걸리에 정구지(부추) 찌짐(부침개)은 이 지역 별미로 이름 높다.

주소	경상남도 청송군 부동면 이전리
내비게이션 검색	'주산저수지'
GPS 좌표	경도 129° 10′ 54.35″ 위도 36°21′ 36.56″

교통

대중교통 청송읍에서 부동면으로 가는 버스를 타고 주왕산국립공원까지 간다. 그 다음, 공원 입구 버스 터미널에서 주산지가 있는 이전리까지 가는 시내버스를 갈아타면 된다(1일 7회 운행).

자가용 청송 → 31번 국도(포항 방향) → 청운리 → 914번 지방도(이전 방향) → 이전사거리 → 상이전 리 → 주산지와 절골계곡으로 가는 갈림길 → 다리 건너 약 1km → 주산지 주차장

여행정보

● 매년 10월경 청송 사과 축제 개최 ● 청송군청 문화관광과 054-873-0101, http://tour.cs.go.kr
● 청송 시외버스 터미널 054-873-2036

도시의 회색 아스팔트 속으로 꺼져가던 몸이 이곳에선 하늘을 향해 솟아오를 것 같다.

하늘과 맞닿은 언덕으로 강바람이 불어온다

하늘공원은 이름처럼 하늘과 가까이 있는 공원이다. 하늘공원에서는 가까이 있는 한강은 물론이고 남산과 북한산까지, 서울이 두루 발 아래 펼쳐진다. 이렇게 시원하게 트인 전망은 분명 하늘공원이 지닌 매력이다. 하지만 누군가에게 하늘공원에 가보라고 권한다면 마치 손을 뻗으면 하늘과 맞닿을 것만 같은, 그래서 지나는 구름도 손에 잡힐 것만 같은 느낌을 가질 수 있기 때문이다.

하늘공원의 높다란 언덕을 올라서면 두 눈 가득 억새가 넘실거리고 공원 둘레에는 귀여운 날개를 단 풍력발전기가 줄지어 서 있다. 억새밭 사이로 이어지는 산책로를 거닐며 상쾌한 바람을 가슴에 안아보자. 바람이 불 때마다 곁에서는 억새가 서걱이고, 저쪽 끝에서는 풍력발전기의 날개가 빙그르르 돌아간다. 사람들은 억새 사이에 있는 널따란 바위 위에 앉아 책을 읽기도 하고 다정한 이와 벤치에 앉아 담소를 나누기도 한다. 간단한 먹을거리를 챙겨서 친구나 가족들과 삼삼오오 하늘공원을 거니는 모습은 보는 이의 마음도 편안하게 한다.

일 년 중 하늘공원에 가장 많은 사람들이 모이는 때는 1월 1일이다. 이날, 이곳에서 새해 첫 해를 바라보며 많은 이들이 가슴속에 희망을 품고 한 해를 시작한다. 하지만 이런 특별한 날이 아니어도 하늘공원은 사진 찍는 사람들에게는 단골 출사지다. 해맞이 장면은 말할 것도 없고 노을과 풍력발전기와 억새들의 하늘거림은 사진의 좋은 소재가 되기 때문이다. 게다가 서울 안에서 이런 곳을 찾기란 쉽지 않기 때문에 더욱 인기가 높다.

 **이쯤에서 사진 한 장**

입구의 탐방객 안내소 앞에서 가운데 길을 따라가다 보면 중간에 억새밭으로 들어가는 작은 길이 있다. 이 길 중간에서 풍력발전기를 배경 삼아 오른쪽에 발전기, 왼쪽에 인물을 두거나 반대로 오른쪽에 인물, 왼쪽에 발전기를 배치하는 방법으로 촬영해 보자. 오후 들어서는 역광 상태가 되기 때문에 플래시를 터트려 주는 것이 좋으며, 한강을 조망 할 수 있는 전망대에서 일몰을 배경으로 촬영하는 것도 멋지다.

하늘공원엔 억새와 바람이 만들어주는 상쾌한 냄새가 가득하다.

여행 즐기기

❶ 하늘공원은 생각보다 넓다. 천천히 구석구석 살피며 한 바퀴 돌면 상당한 시간이 걸린다. 따라서 미리 간단한 음식과 음료를 가지고 가는 것이 좋으며, 공원 내에는 쓰레기를 버릴 수 없으니 쓰레기를 가져갈 수 있게 준비해 가야 한다.

❷ 사진 찍는 것이 목적이라면 흐린 날보다는 맑은 날이 더 좋으며, 구름 한 점 없는 날보다는 구름이 어느 정도 있는 날이 좋다. 특히 여름철 폭풍이 지나간 후에 시야가 맑게 트이고 구름도 멋스럽게 깔리는 날은 사진 찍기에 그만이다.

❸ 하늘공원에서 바라보는 일몰은 서울에서 손꼽히는 멋진 풍경이다. 급한 일이 없다면 해질 때까지 기다렸다가 감상하는 것도 좋다. 단, 하늘공원은 야간에는 개방하지 않으므로 일몰을 보려면 공원 이용 시간을 미리 알아두는 것이 좋다(문의 02-300-5516).

❹ 하늘공원 주변에는 4개의 공원(평화의 공원, 난지천공원, 난지한강공원, 노을공원)과 상암 월드컵경기장이 있으며, 한강 쪽으로 조금만 가면 선유도 공원도 가까이에 있다.

주소	서울시 마포구 상암동
내비게이션 검색	'하늘공원'
GPS 좌표	경도 126° 53' 39.51" 위도 37° 33' 53.94"

교통

대중교통 시내버스(간선 171 271 571 | 지선 7011 7013 7714 7715 | 마을버스 마포08)를 탈 경우 월드컵경기장남측, 월드컵경기장(마포 농수산물시장), 자동차검사소에서 내리면 된다. 지하철 은 6호선 월드컵경기장역에 내려 1번 출입구로 나오면 된다.

자가용 ▶ 내부순환로 → 연희램프 → 첫 번째 신호등에서 우회전(경기장 방향) → 경기장 남문 주차장 에서 좌회전 → 평화의 공원 주차장

▶ 강변북로(강남, 송파 방향) → 월드컵경기장 표지판이 보이면 빠져나옴 → 왼쪽에 하늘공원

▶ 강변북로(일산 방향) → 가양대교에서 빠져나옴 → 첫번째 신호등에서 우회전 → 서부간선도로 → 성산대교 건너 경기장 삼거리에서 좌회전 → 경기장 남문 주차장에서 좌회전 → 평화의 공원 주차장

여행정보

● 매년 10월경 월드컵공원 억새축제 개최

● 월드컵공원 http://worldcuppark.seoul.go.kr, 관리사업소 환경보전과 02-300-5542

35 제주 다랑쉬 오름

제주를 보려면 오름을 보아야 한다

제주 사람들은 삶의 희로애락을 오름과 같이 했다.
'제주 사람은 오름에서 태어나 오름으로 돌아간다'는 이야기가 있을 만큼,
오름은 제주 사람들에게 각별하다.

'오름'이란

'오르다'의 제주방언으로 한라산의 화산활동 이후에 생긴 작은 기생화산을 말한다. 제주에는 368개나 되는 오름이 있는데, '제주 사람은 오름에서 태어나 오름으로 돌아간다'는 이야기가 있을 만큼, 오름은 제주 사람들에게 각별한 존재다. 동시에 오름은 제주에서만 볼 수 있는, 가장 제주다운 풍경이기도 하다. 그러니 제주를 알려면 오름을 찾아 가야만 한다.

오름은 얕은 뒷동산 같은 것부터 높은 산처럼 거대한 것까지 모양도 크기도 다양한데다 독특한 특징이 있다. 그리고 오름 분화구 속에는 제주 사람들의 수많은 사연과 크고작은 역사의 장면들이 담겨 있다. 한 예로, 다랑쉬 오름 인근에서 볼 수 있는 반구형 건물들은 제주 4·3사건 때 통째로 불타 없어진 마을이 있던 자리다. 그리고 4·3토벌대에 의해 인근 다랑쉬 동굴에서 희생당한 11구의 시신이 발견된 곳이기도 하다. 아픈 역사를 담고 있는 오름은 무덤 같기도 하고 밥그릇 같기도 하다. 지나간 날들의 삶과 죽음이 함께 담겨 있다.

수백 개의 오름 중에 구좌읍에 있는 다랑쉬 오름은 특히 아름다워 '오름의 여왕'이라 불린다. 다랑쉬는 '월랑봉'이라고도 불리며 해발 382.4m의 높이에 분화구의 깊이는 115m에 이르고 분화구를 따라 걷는 산책로는 1500m에 이른다. 다랑쉬 오름에 오르면 제주 동부지역의 풍광이 한눈에 들어온다. 뒤로는 한라산이 보이며, 동쪽으로는 우도와 성산일출봉까지 보인다. 다랑쉬 오름 주변에는 용눈이, 아끈다랑쉬, 손지 오름 등 크기도 생김새도 제각각인 오름들이 도토리 키 재듯 모여 있다. 이들은 하나의 풍경으로 어우러져 제주가 아니면 볼 수 없는 멋진 그림을 만들어 낸다.

오름에 올라 바라보는 자연은 특별하다. 제주 풍경은 마음속 깊숙이 담기고, 구름과 바람은 손에 잡힐 것 같다. 그리고 억새들의 몸짓은 그냥 이대로 여기 머물라고 속삭이는 것만 같다.

 **이쯤에서 사진 한 장**

다랑쉬 오름에 오르면 먼저 능선을 따라 한 바퀴 돌아보자. 사진은 어느 방향에서 촬영해도 좋은데, 주차장에서 아끈다랑쉬 방향으로 찍거나 용눈이 오름 방향에서 다랑쉬 오름을 배경으로 촬영하는 것도 멋지다. 억새 사이에 인물을 세워 두고 오름을 배경으로 촬영해 보자.

다랑쉬오름 앞에서 바라본 용눈이오름. 제주 사진작가 김영갑은 가장 선이 아름다운 오름이라고 했다.

오름에서 내려다보면 제주만의 길과 풍경들이 펼쳐진다.

여행 즐기기

1 오름에 오르는 시간은 일몰 이후만 빼고는 언제든 가능하지만 가고자 하는 오름의 특성을 먼저 알고 난 후 적당한 시간대에 찾는 것이 좋다. 다랑쉬 오름에서는 한라산과 우도까지 모두 볼 수 있는데 사방이 트여 있어 일몰과 일출을 모두 볼 수 있다. 이른 아침이면 자욱하게 깔린 안개 사이로 오름들이 하나, 둘 모습을 드러내는 보습도 볼 수 있다.

2 제주의 날씨는 갑자기 비가 오거나 맑다가도 순식간에 구름으로 뒤덮인다. 따라서 미리 날씨 정보를 알아야 하고 그에 맞게 준비도 철저히 해야 한다. 기본적인 물이나 간단한 간식을 비롯해 비옷이나 우산도 준비해야 한다. 그리고 오름에 오르면 바람이 많이 불어 실제보다 더 춥게 느껴지니 얇은 겉옷 하나는 준비해 두자. 햇빛을 피할 큰 나무들이 없으니 여름철에는 우산을 가져가면 여러모로 도움이 된다. 챙이 넓은 모자를 준비하는 것도 좋다.

3 오름에 올랐다가 갑자기 비가 쏟아진다고 너무 걱정할 필요는 없다. 지나가는 비여서 금방 그치는 경우가 많고, 일단 비가 그친 후에 햇살이 비추면 오름과 오름 사이로 무지개를 볼 수 있는 행운이 뒤따를지 모른다.

4 다랑쉬 주변엔 많은 오름들이 있다. 제주 사진작가 고 김영갑 선생이 가장 선이 아름다운 오름이라 칭했던 용눈이 오름, X자 형태로 심어진 삼나무가 인상적인 손지 오름, 제주말로 버금이라는 뜻을 지닌 아끈다랑쉬, 그밖에 높은 오름, 동거문 오름 등이 있는데, 이 오름들은 나름대로의 특색이 있으며, 이들 오름만 돌아보는 것으로도 이색적인 여행을 할 수 있다.

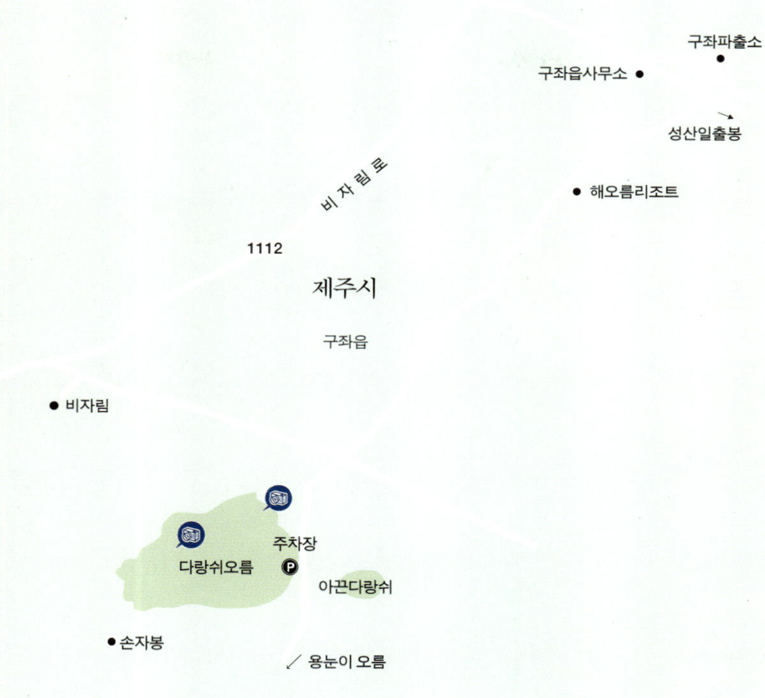

주소	제주특별자치도 제주시 구좌읍
내비게이션 검색	'월랑봉'
GPS 좌표	경도 126° 49' 43.19" 위도 33° 28' 21.33"

교통

대중교통 제주시 시외버스터미널에서 일주도로 동회선 버스를 타고 구좌읍 세화리에서 내린다. 세화리 파출소 앞에서 택시를 타고 6km 가면(요금 약 5000원) 다랑쉬 오름에 이른다.

자가용 ▶ 제주시 → 12번도로(동회선) → 비자림 입구 → 오른쪽 시멘트 도로 → 다랑쉬 오름

▶ 제주시 → 516번도로 → 교래 → 대천동 → 송당 → 1136번도로 → 손지 오름 삼거리에서 왼쪽 콘크리트 포장도로 → 다랑쉬 오름 주차장

여행정보

- 제주 특별자치도 관광정보 http://jejutour.go.kr ● 제주 오름 정보 www.ormstory.com
- 제주도 여행자 정보센터 http://cafe.naver.com/tourcj
- 제주 시외버스 운영회 064-753-3242 ● 서귀포시외버스터미널 064-739-4645

자연 속에 원래 있었던 듯 잘 어울리는 쌍계루.
여행을 하다 보면 우리 전통 건축물에 깊이 빠지게 되고, 그러면 사랑하지 않을 수 없다.

세상에서 가장 아름다운 붉은색

세상이 온통 붉은색과 노란색으로 뒤덮일 때 비로소 가을이 절정에 다다랐음을 실감하게 된다. 자연의 화려함이 최고조에 달하는 10월 말경의 단풍은 두말할 필요 없는 비경이며 그중에 백암산 백양사의 단풍은 감히 제일이라고 말할 수 있을 만큼 멋지다.

백양사는 631년 백제 무왕 32년에 승려 여환이 창건한 1400여 년 된 고찰이다. 처음에는 백암사라 칭했으나 고려 때 중연선사가 중창한 후 정토사라 개칭했으며, 조선시대에 이르러 환양선사가 백양사라 칭한 것이 오늘날에 이르고 있다.

백양사 여행의 백미는 단연 쌍계루와 연못이다. 쌍계루는 백양사로 들어가는 입구에 있는 누각이다. 2층으로 되어 있는 구조지만 웅장하지 않고 단아하여 그 앞의 연못과 잘 어울린다. 1370년 붕괴되었다가 1377년에 복구 되었으며, 다시 1950년에 소실된 것을 1985년에 복원했다. 연못에 비친 쌍계루와 단풍의 반영은 오래 전부터 백양사를 대표하는 이미지였고, 백양사를 찾는 사람이라면 누구나 한번쯤은 사진으로 남기는 곳이다.

백양사 단풍은 다른 곳의 단풍과 달리 '애기단풍'이라 부른다. 이는 단풍잎의 크기가 작아서 아기 손바닥처럼 귀엽기 때문에 붙은 이름이다. 매년 10월 말경이면 백양 단풍축제가 열려 많은 관광객이 찾는다. 곱고 귀여운 애기단풍을 보면 평소 감성이 무딘 사람이라도 한 잎 곱게 닦아 책갈피에 꽂아 간직하고픈 생각이 일 것이다. 세상에서 가장 아름다운 붉은색으로 기억될 백양사 단풍이 빛을 발하는 그 짧은 며칠이 아쉬워 발길을 돌리기가 힘들다.

 **이쯤에서 사진 한 장**

쌍계루 앞 연못에 물막이 보가 있는데, 이 보 위에서 쌍계루를 배경으로 단풍의 반영을 촬영하는 사진작가들이 많다. 여기서 반영과 함께 인물을 세워두고 촬영하거나 물가로 내려가기 전에 있는 난간에 기대어 쌍계루와 함께 촬영해도 괜찮다. 내려갈 때 돌이 미끄러워 넘어질 수도 있으니 주의하자. 그리고 반영을 촬영하려면 바람이 불지 않는 날을 선택하는 것이 중요하다.

물감을 짜놓으면 촌스러울 것 같은 색들이 자연 속에서는 조화롭게 펼쳐진다.

여행 즐기기

❶ 백양사 단풍을 제대로 즐기려면 아침 일찍 찾는 것이 좋다. 단풍철이면 백양사 애기단풍을 보러오는 관광객이 많아지기 때문이다. 단풍 축제가 끝난 직후에 찾는 것도 호젓한 여행을 즐기는 한 방법이다.

❷ 주차장을 지나 쌍계루까지 가는 길은 단풍철에 붉은색 터널을 이루어 그 어느 숲길보다 화려하다. 하지만 이 시기는 1년 중 며칠 되지 않는다. 보통은 10월 말에서 11월 초순인데, 1년 중에 가장 보기 좋은 때를 맞춰 찾아가면 좋다. 기상청이나 국립공원 홈페이지 등을 참고해 단풍 절정 시기를 알아보면 도움이 된다.

❸ 단풍은 전체의 8할 가량이 물들었을 때가 가장 보기 좋다. 하루 중에서는 정오보다는 오전과 오후에 빛이 부드러워 단풍을 구경하거나, 사진을 찍기에도 좋다.

❹ 초입에서 쌍계루 풍경을 감상하고 난 뒤에 백양사를 내려다볼 수 있는 학바위까지 다녀올 것을 추천한다. 백양사에서 학바위까지는 왕복 2시간이 걸린다. 한편, 백암산이 내장산국립공원 안에 있으므로 내장사의 단풍까지 감상하는 것도 좋다. 등산을 하려면 하루가 꼬박 걸리므로 하루 만에 두 곳을 다 보려면 자동차로 이동해야 한다.

주소	전라남도 장성군 북하면
내비게이션 검색	'백양사'
GPS 좌표	경도 126° 52′ 53.47″ 위도 35°25′ 35.43″

교통

대중교통 백양사역 앞에 있는 사거리터미널에 백양사로 가는 직행버스가 있다. 광주와 장성에는 사거리터미널을 경유해 백양사로 가는 버스와 백양사 행 직행버스가 있다.

자가용 호남고속도로 백양사나들목 → 1번국도(장성 방향) → 북하면소재지 → 891번지방도(복흥 방향) → 백양주유소 맞은편 길을 따라 4km → 백양사

여행정보

● 매년 10월말~11월 초 백양단풍축제 개최 ● 백양사 061-392-7502, www.baekyangsa.org
● 장성군 문화관광 061-390-7224, http://tour.jangseong.go.kr
● 광주 종합터미널 062-360-8114 ● 장성터미널 061-393-2660 ● 사거리터미널 061-392-8900

목가적 풍경으로 아침을 여는 마을

하회마을에서 맞는 아침.
가을 걷이 뒤에 논에 남은 볏짚 단을 아침 햇살이 따뜻하게 비춘다.
이 목가적 풍경 앞에 서면 여행자의 마음은 한 편의 시가 되고
발걸음은 절로 느긋해진다.

안개를 뚫고 해가 뜬다. 풍성한 수확을 끝낸 논에는 볏짚 단이 한가로이 흩어져 있고, 그 위로 내려앉은 햇빛이 하루의 시작을 알린다. 관광객이 들어오기에는 이른 시각, 가볍게 떠나온 여정에 만난 이 목가적 풍경 앞에서 여행자의 마음은 한 편의 시가 되고 발걸음은 절로 느긋해진다. 아침 일찍 조용한 하회마을을 거닐면 몸을 부르르 털며 아침을 맞는 강아지부터 채소를 다듬는 아주머니, 툇마루에 앉아 담소를 나누는 노부부 들을 만나게 된다. 하회마을이 관광객에게 보여주기 위한 마을이 아닌 사람의 체온이 느껴지는 살아 있는 마을임을 보여주는 모습들이다. 정겨운 풍경은 지금 우리가 살아가는 모습이 오래전부터 늘 그래왔던, 과거를 간직하고 있는 시간의 진행형임을 말해준다.

하회마을은 풍산 류씨가 대대로 살아온 집성촌으로, 순천의 낙안읍성과 더불어 우리나라의 대표적인 전통마을이다. 낙동강 물돌이를 중심으로 강 건너편에 부용대芙蓉臺가 있고 넓은 백사장과 송림이 어우러진 아름다운 마을이다. 그리고 뒤로는 태백산의 지맥인 화산花山이 자리해 아늑한 멋을 더한다. 하회마을에는 서민들이 살던 초가와 양반들이 살던 기와집 등이 원형을 잘 보존하고 있다. 그중에서도 이 마을의 대표적 명문 고택인 북촌댁은 놓치지 말고 둘러볼 일이다. 지금도 대를 이어 살고 있는 이 집의 주인은 관광객을 위한 한옥체험 프로그램도 운영하고 있어서, 전형적인 양반 가옥을 속속들이 살펴볼 수 있다.

'하회마을' 하면 '하회탈'을 떠올리는 사람도 많을 것이다. 그리고 초등학교 시절 미술시간에 한 번쯤은 만들어 봤을 탈바가지도 생각난다. 플라스틱 바가지를 엎어놓고 물에 불린 신문지를 덕지덕지 붙이고는 종이 풀이 마른 다음 형형색색의 물감을 칠해 만든 탈바가지. 생김새가 진짜 하회탈과는 달라도 거기에 담긴 해학은 조상들의 그것 못지않았을 것이다. '하회별신굿 탈놀이'는 관객과 광대가 함께 호흡하며 질펀하게 즐기는 신명나는 놀이판이다. 하회마을에 들렀다면 한 번쯤 체험해 봐야 할 작은 축제다.

하회마을 건너편의 부용대도 빠트리지 말고 들러 보자. 부용대 정상에 오르면 깎아지른 수직 절벽 위에서 하회마을의 전경을 조망할 수 있다. 부용대에 오르는 방법은 두 가지다. 하나는 마을에서 나룻배를 이용해 강을 건너 부용대로 곧장 오르

이른 아침 이불을 볕에 말리고 청소를 하는 아주머니의 모습이 정겹다.

는 것이고, 다른 하나는 서애 류성룡 선생이 거닐던 길을 따라 마을에서 옥연정사로, 옥연정사에서 서애길을 따라 부용대 정상으로, 그리고 부용대에서 겸암정사로 이어지는 여정을 차근차근 밟아가는 것이다. 나룻배를 타고 강을 건너는 것은 분명 이채로운 경험이다. 반면 누군가의 발자취를 그대로 따라가며 그의 삶을 생각해 보는 시간을 갖는 것 또한 특별한 여행을 즐기는 방법이다. 둘 중 어느 방법으로 여행을 즐길지 선택하는 것은 각자의 몫이다.

하회마을에는 가을의 풍성한 수확만큼이나 볼거리와 즐길거리가 많으니 여유를 갖고 천천히 둘러본다면 분명 만족스런 여행이 될 것이다.

같은 민속마을이라 해도 순천의 낙안읍성이 서민적이라면, 하회마을은 양반들의 정취가 묻어나는 곳이다. 양반가의 느낌이 잘 살아 있는 충효당, 양진당, 북촌댁 등을 배경으로 촬영해 보자. 부용대에 올라 하회마을을 배경으로 인물을 촬영해도 좋다.

수직절벽을 이룬 부용대는 화회마을의 병풍이다. 나룻배를 타고 강을 건너면 서애 류성룡의 발자취를 만날 수 있다.

여행 즐기기

❶ 하회마을은 안동시에서도 1시간 정도 걸리는 곳에 있다. 이른 아침의 정취를 맛보려면 미리 하회마을 안의 민박집을 예약하고 1박을 하는 것이 좋다.

❷ 강 옆에 있는 송림 앞에서 운행하는 나룻배를 이용해 건너편 부용대에 올라 서애 류성룡의 발자취를 더듬어 보자. 더불어 하회마을을 한눈에 바라보는 즐거움도 누릴 수 있다.

❸ 시간이 맞으면 화회마을에서만 볼 수 있는 중요무형문화재 제69호인 화회별신굿 탈놀이를 관람하는 것도 좋다. 또한 안동의 별미인 헛제사밥과 안동간고등어, 안동국시도 꼭 맛보고 오자.

❹ 하회마을 인근에 병산서원이 있다. 류성룡 선생이 생전에 제자를 가르치던 서원으로 입구의 배롱나무와 만대루에서 바라보는 낙동강 풍경이 아름답다. 하루 두 번 안동시내에서 하회마을을 거쳐 병산서원으로 가는 버스가 있다. 병산서원 http://hahoe2.andong.com/

주소	경상북도 안동시 풍천면
내비게이션 검색	'하회마을'
GPS 좌표	경도128°31'32.2" 위도36°32'18.6"

교통

대중교통 시외버스나 기차를 타고 안동으로 간다. 안동에서는 시외버스터미널 건너편에서 46번 버스를 타면 된다(1일 8회 운행, 약 40분소요).

자가용 중앙고속도로 서안동나들목 → 34번국도 → 풍산(매곡교) → 916번지방도 → 하회삼거리 좌회전 → 하회마을 입구

여행정보

● **하회마을 이용시간** 09:00~19:00(동절기 18:00)
● **하회별신굿탈놀이** 3, 4, 11월 매주 일요일15:00 | 5~10월 매주 토, 일요일 15:00 | 토요일 공연은 사전 문의를 해야 한다(054-840-6579).
● **나룻배** 주말에만 운영. 비가 오거나 강물이 거세면 운행을 중단하고, 겨울에는 운행하지 않는다.
● 안동 하회마을 www.hahoe.or.kr, 관리소 054-841-2896
● 안동시청 문화관광과 관광정보센터 054-856-3013 ● 안동시외버스터미널 054-857-8298

38 함양 상림
사람과 가까운 소중한 우리 숲

낙엽이 수북하게 깔린 산책로를 재잘거리며 지나가는 한 무리의 아이들과
그 아이들을 카메라에 담으며 환하게 웃는 선생님의 표정에
숲이 더 환해지는 듯하다.

함양에는 '상림'이라고 불리는 아름다운 숲이 있다. 이 숲은 깊은 산속에 있는 것이 아니라, 사람들이 들고 나기 편리한 읍내에 있다. 사람이 숲에서 얻는 혜택은 여러 가지가 있겠지만 무엇보다 값진 것은 여유와 휴식이다. 특히 빡빡한 도시에서 살아가는 사람들이 일상에 지쳐갈 때, 마음 쉴 수 있는 곳을 찾아 멀리 떠나야만 하는 현실을 생각한다면, 상림을 지척에 둔 함양사람들을 부러워하지 않을 수 없다.

상림은 신라 진성여왕 때 고운 최치원 선생이 조림한 인공 숲이다. 선생이 함양 태수로 있을 때, 지금의 함양 읍내를 가로지르는 위천 때문에 홍수 피해가 심해서 강물의 위치를 바꾸고 주변에 둑을 쌓은 다음 둑을 따라 나무를 심어 숲을 조성했다고 한다.

사람이 인위적으로 만든 숲인데도 수풀은 울창하고, 빽빽하게 들어선 나무와 풀과 꽃들의 어울림은 천연 숲속만큼이나 자연스럽다. 요즈음 강이나 하천을 따라 조성된 공원이나 산책로를 보면 하나의 커다란 구조물 같다는 생각이 드는 경우가 많다. 밤이면 화려한 조명이 공원을 환하게 밝히지만 따뜻하게 느껴지지는 않는다. 기술이 발달한 지금보다 오래전에 조성한 상림이 더 아름다운 것은 자연 그대로의 모습을 소중하게 생각한 선조들의 안목 덕분일 것이다. 상림이 생긴 덕분에 그 당시 백성들은 홍수 피해를 면했을 것이고, 오늘을 사는 우리는 사람 곁에 가까이 있는 짙은 숲을 즐기고 있다.

가을이 한창일 때, 숲에 들어 신선한 공기를 들이마신다. 나뭇잎들이 은은한 가을빛으로 반짝거린다. 낙엽이 수북하게 깔린 산책로를 재잘거리며 지나가는 한 무리의 아이들과 그 아이들을 카메라에 담으며 환하게 웃는 선생님의 표정에 숲이 더 환해지는 듯하다. 얇은 시집이라도 한 권 가져올 걸, 하는 아쉬움과 함께 잠시 이곳에 머물렀다는 작지만 뿌듯한 만족감이 온 몸에 퍼진다.

 **이쯤에서 사진 한 장**

상림에 들어서서 좁은 산책로를 따라 들어가다 보면 최치원 신도비와 큰 산책로가 나온다. 여기서 빛이 잘 드는 곳에 인물을 세워 놓고 촬영해 보자. 이때 얼굴에 빛이 닿으면 얼굴만 하얗게 나오기 때문에 어깨에 살짝 빛이 닿는 정도로 인물의 위치를 정하는 게 좋다.

가을이 깊어가면 상림의 다람쥐는 겨울을 준비할 것이다.

상림은 낙엽을 밟으며 조용히 산책하기 좋은 곳이다.

여행 즐기기

❶ 천연기념물 제154호 상림은 읍내에 가까이 있고 근처에 잠잘 곳도 많다. 읍내에서 묵을 경우, 일찍 잠에서 깨기만 한다면 이른 시각에라도 찾아가기 편하다.

❷ 연둣빛 피어오르는 이른 봄이나 벚꽃이 흐드러질 때, 또는 가을 단풍이 절정일 무렵이 상림을 둘러보기 좋은 계절이다. 공원 안에는 6만여 평 대지에 꽃무릇(상사화)을 심어 놓았고, 상림 옆 주차장 위쪽에 대규모 연꽃 밭도 있어서 계절마다 다양하고 수려한 경관을 볼 수 있다.

❸ 함양 상림을 둘러 본 후 안의면의 한우를 맛보거나 용추계곡에 들러도 좋다. 또, 함양에서 지리산으로 넘어가는 길목에는 뱀이 똬리를 튼 것 같은 오도재 길이 있으니 이 길을 넘어가는 재미를 느껴보자. 함양 여행이 더 풍성해질 것이다.

❹ 오도재 정상을 지나 마천면 방향으로 가다 보면 지리산 조망공원이 나오는데 여기서 지리산 하봉, 중봉, 천왕봉과 세석평원, 벽소령, 반야봉까지 지리산의 능선을 한눈에 볼 수 있다.

주소	경상남도 함양군 함양읍
내비게이션 검색	'상림공원'
GPS 좌표	경도 127° 43' 24.70" 위도 35°31' 15.26"

교통

대중교통 함양시외버스터미널에서 상림까지는 걸어서 20여 분, 택시를 타면 기본요금 정도 나온다.

자가용 ▶ 대전통영간 고속도로 함양분기점 → 함양나들목 → 함양읍내 → 상림

▶ 88올림픽고속도로 → 함양나들목 → 함양읍내 → 상림

여행정보

- 매년 10월경 함양 물레방아 축제 개최
- 함양군 문화관광 055-960-5163 , http://tour.hygn.go.kr
- 함양 시외버스 터미널 055-963-3281

키보다 높은 갈대숲에서 숨바꼭질을 해볼까

도시에서는 좀처럼 경험하기 힘든 키 큰 갈대밭은 마치 깊은 숲속 같다.
그 속에서 연인들은 사랑을 속삭이고,
아이들은 갈대밭 사이로 난 길을 뛰어다닌다.

"여기서 버스를 타고 가기는 불가능해요. 버스가 없어요. 있기는 하지만 자주 있지 않고, 또 근처에서 내린 다음 2, 3km는 걸어야 합니다." 한산면에서 버스를 내려 택시기사에게 신성리 갈대밭에 가는 방법을 물었더니 돌아온 대답이다. 꼭 가야 한다면 택시를 이용하는 것이 그나마 낫다고 했다. 대중교통만으로 신성리 갈대밭에 가기는 쉽지 않다. 서울에서 서천으로, 다시 한산면으로 가서 이번에는 택시를 타고 갈대밭 근처까지 가야 한다. 그곳에 가기가 너무 힘들다고 불평을 하고 싶다가도, 찾아가기 힘들기 때문에 아름다움이 훼손되지 않았을 거라는 생각에 그날의 불편을 받아들였다.

신성리 갈대밭은 서천군과 군산시가 만나는 금강 하구에 펼쳐져 있다. 해남 고천암호 갈대밭, 순천만 갈대밭 등과 함께 우리나라 대표 갈대밭 중 하나로, 면적이 10만 평이나 된다. 영화 〈공동경비구역 JSA〉에서 주인공이 지뢰를 밟고 어찌할 줄 모를 때 인민군이 그것을 제거해 주는 장면을 촬영했던 장소로 알려지면서 관광객이 많이 찾기 시작했다. 영화를 보면서 '아니 저렇게 큰 갈대밭이 정말 있나' 생각했었는데, 직접 찾아가 보니 생각보다도 갈대들의 키가 더 높았다. 넓고 높아 빽빽하게 숲을 이룬 갈대밭은 섣불리 숨바꼭질이라도 했다간 서로 못 찾아 눈물 쏙 뺄 것 같은 모습이다. 그러니 이곳에서는 함께 간 이와 잡은 손 놓지 말고 나란히 거닐자. 걷다 보면 곳곳에 짧은 시구詩句를 담은 팻말이 있어서 하나씩 읽고 가는 재미도 쏠쏠하다.

가는 길이 아무리 고생스러워도 많은 연인들이 갈대밭을 거닐고, 아이 손을 잡고 온 부모들도 많다. 도시에서는 좀처럼 경험하기 힘든 키 큰 갈대밭은 마치 깊은 숲 속 같다. 그 속에서 연인들은 사랑을 속삭이고, 아이들은 갈대밭 사이로 난 길을 뛰어다닌다. 서서히 해가 저무는 초겨울 저녁에도 추운 줄 모르고 뛰노는 아이들의 웃음소리가 귓가에 선하다.

 **이쯤에서 사진 한 장**

갈대밭 앞 둑길을 따라가서 나오는 매점 앞이 갈대밭으로 들어가는 입구다. 아래로 내려가는 길에 장승이 서 있는데, 인물을 그 가운에 세우고 둑에서 촬영하면 좋다. 갈대밭 사이사이에 있는 나무 의자도 촬영하기 좋은 장소다. 강가에 있는 아치형 다리에서 촬영해도 좋다.

갈대밭 옆에 있는 작은 논. 가을걷이를 끝내고 볏짚을 둘둘 말아 놓았다.

한산모시 전수관에 가면 모시 짜는 장인의 시연을 볼 수 있다.

여행 즐기기

❶ 신성리 갈대밭은 가을이나 겨울에 가는 것이 좋다. 일교차가 심한 가을철 이른 새벽에는 금강에서 물안개가 피어올라 운치 있고, 겨울에는 금강하구둑에 찾아온 겨울 철새들의 군무를 볼 수 있다.

❷ 신성리소재지인 한산면은 예부터 모시로 유명하다. 모시는 여름에 입는 시원한 옷의 소재로 알려져 있지만 현재는 옷뿐만 아니라 다양한 상품이 개발되어 나온다. 한산면은 술맛에 취해 자리에서 뜰 줄 모른다고 해서 '앉은뱅이 술'이라고 부르는 한산 소곡주로도 유명하다.

❸ 갈대밭에서 나와 한산면으로 나가면 한산모시 전수관이 있다. 전시관에는 모시 관련 제품과 베틀 및 길쌈도구 등이 전시되어 있다. 장항 방향으로 가면 철새 조망으로 유명한 금강하구둑이 나온다. 겨울이면 오직 우리나라에서만 볼 수 있는 가창오리 떼의 군무를 볼 수 있다.

주소	충청남도 서천군 한산면
내비게이션 검색	'신성리갈대밭'
GPS 좌표	경도 126° 51' 49.24" 위도 36° 3' 49.98"

교통

대중교통 서천터미널에서 한산 행 버스를 타고 가다가 지현리 사거리에서 내린다(20분 소요, 6:10 ~ 16:40, 1일 7회 운행). 정류장에서 갈대밭까지는 한참 걸어야 하므로 한산에서 택시를 타는 것도 한 방법이다.

자가용 서해안고속도로 서천나들목 → 21번국도(장항 방향) → 금강하구둑 → 29번국도(부여 방향) → 신성리 갈대밭

여행정보

● 서천군 www.seocheon.go.kr/tour, 문화관광과 041-950-4224 / 4014
● 서천시외버스터미널 041-953-0776

겨울

|차가워서 더욱 맑은 겨울 하늘|

40 경주 감포 대왕암

해무와 햇살이 빚어낸 황금빛 신비

이 자리에서 해뜨는 광경을 직접 보고 나면
사람들이 비는 소원 하나하나가 정말로 이루어질지도 모른다는 생각이 든다.
아무 것도 기도하지 않고 그냥 넘어가기엔 수중릉의 아침이 너무나 장엄하다.

대왕암은 삼국통일을 이룩한 신라 문무왕의 수중릉이다. 죽어서도 용이 되어 왜구로부터 나라를 지키겠다는 유언에 따라 봉길리 앞바다에 있는 바위섬에 수중릉을 만들었는데, 화장을 해서 재를 뿌렸는지, 유골을 직접 모셔 놓았는지는 아직 밝혀지지 않았다. 그렇지만 해뜰 때 대왕암을 휩싸며 피어오르는 해무와 아침 햇살을 받아 황금빛으로 물드는 바다는 실제로 용이라도 한 마리 날아오를 것처럼 신비로운 기운을 내뿜는다.

대왕암이 바라보이는 봉길리 해변에는 소원을 빌러 찾아오는 사람들이 많다. 그중에는 무속인도 있고 자식 잘되기만 바라는 우리네 어머니도 있다. 바닷가 모퉁이에 앉아 해가 뜨기를 기다리다가 대왕암을 향해 기도하는 사람들을 보면서 엉뚱한 생각을 해본다. '저들이 비는 소원은 다 어디에 저장될까? 설마 바다에 둥둥 떠다니며 순번을 기다리는 건 아니겠지.'

대왕암 일출을 보며 소원을 비는 사람 못지않게 신비로운 분위기를 사진에 담고 싶어하는 사람도 많다. 여명이 밝아오면 어디선가 수많은 사진작가들이 나타난다. 사람들이 해변을 가득 메울 때쯤, 드디어 해무 속에서 해가 솟아오른다. 사람들 입에서 탄성이 흘러나온다. 시커멓게 형체만 있던 바위섬이 햇빛을 받아 제 모습을 드러내는 순간, 셔터 누르는 소리가 쉴 새 없이 들린다.

이쪽의 요란한 의식에 아랑곳 없이 수중릉은 고요하다. 갈매기들 날갯짓마저 조심스럽다. 대왕암 뒤로 소리 없이 떠오르는 태양은 고요하지만 강렬한 인상을 남겼다. 문무왕이 소원을 잘 이루어 주는지는 알 길이 없다. 하지만 이 자리에서 해뜨는 광경을 직접 보고 나면 사람들이 비는 소원 하나하나가 정말로 이루어질지도 모른다는 생각이 든다. 아무 것도 기도하지 않고 그냥 넘어가기엔 수중릉의 아침이 너무나 장엄하다.

이쯤에서 사진 한 장

수중릉이 보이는 봉길해변 어디에서 찍어도 멋지다. 일출과 함께 인물을 촬영하는 방법은 두 가지다. 노출차이를 이용해 인물의 실루엣만 촬영을 하는 방법과 플래시를 터트려 실제 모습을 그대로 담는 방법이다. 실루엣을 찍을 때는 인물의 역동적인 자세가 멋진 사진을 결정한다고 해도 과언이 아니다. 반대로 플래시를 터트릴 경우엔 인물의 모습이 그대로 드러나기 때문에 별다른 포즈를 취하지 않아도 된다.

동트기 전, 감포 앞바다. 황홀한 빛 앞에 무슨 말이 필요하리오.

문무대왕 수중릉은 다양한 색을 가지고 있다. 해돋이만 보고 그냥 가기엔 너무 아깝다.

여행 즐기기

❶ 수중릉이 신비한 분위기에 휩싸이는 시간은 여명이 시작될 때부터 해가 솟아오를 때까지다. 밝을 때 보는 바다도 멋지지만 대왕암의 진면목을 보려면 이 시간에 맞춰 여행해 보기를 권한다. 그리고 여행하기 전에 미리 해뜨는 시간과 날씨를 알아두는 것이 좋다.

❷ 봉길해변은 다른 바닷가와 달리 해무로 유명하다. 지리적으로 찬물과 더운물이 대왕암 근처에서 만나기 때문이다. 이런 현상은 겨울에 두드러진다. 봉길해변 어디서나 일출을 볼 수는 있지만 좀더 멋진 장면을 원한다면 사진 촬영하는 사람들 주변에 자리를 잡아 보자. 대왕암의 바위와 바위 사이로 해가 떠오르는 모습을 볼 수 있으면 제일 좋겠지만, 그 자리를 놓치더라도 사진 찍는 사람들 곁에 있으면 대체로 좋은 위치에서 일출을 보게 된다.

❸ 인근에 문무왕의 아들 신문왕이 682년에 세운 감은사 터가 있다. 두 개의 삼층석탑이 인상적인 이곳에서 맞이하는 월출도 기억에 남을 것이다. 경주시 방향으로 가면 신라 불교 건축물의 정수인 불국사가 있다. 포항 구룡포 쪽으로 드라이브를 하는 것도 좋다. 무엇보다 문무대왕릉이 있는 봉길해수욕장은 여름철 피서지로 제격이다.

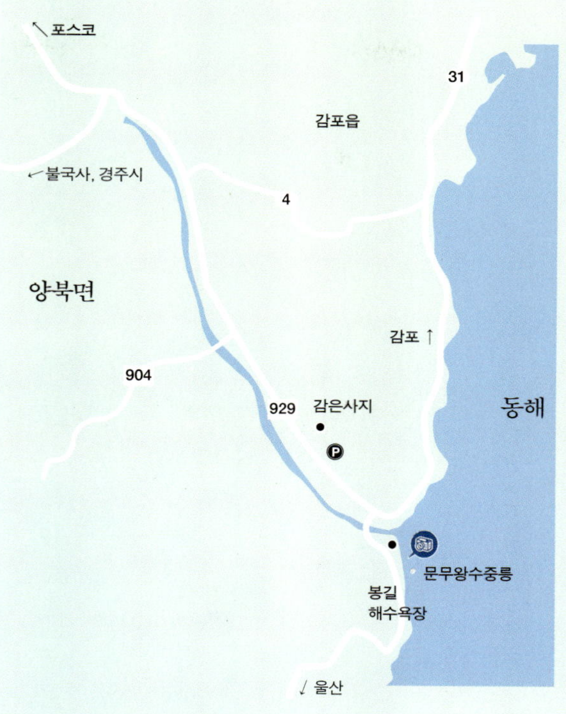

주소	경상북도 경주시 양북면
내비게이션 검색	'봉길해수욕장'
GPS 좌표	경도 129° 29' 8.63" 위도 35° 44' 12.21"

교통

대중교통 경주 시외버스터미널에서 양남 행 150번 버스(1시간 간격 운행)를 타고 문무대왕릉 입구에서 내린다.

자가용 경주시 → 929번지방도 → 양남 방향으로 7km 진행 → 삼거리에서 우회전 → 대종천 → 다리를 건너면 봉길리 해수욕장

여행정보

- 3년마다 8~11월 경주세계문화엑스포 개최 ● 매년 10월 8~10일 신라문화제 개최
- 경주문화예술관광 http://culture.gyeongju.go.kr ● 경주시청 문화관광과 054-779-6395
- 경주터미널 054-741-4000

눈부시게 해가 지던 바닷가

드넓은 갯벌이 있고 간조 때면 아스라이 바다가 멀어지며,
할미할아비 바위 사이로 떨어지는 일몰이 아름다운 곳.

태안반도의 작은 해변 하나가 '꽃지해수욕장'이라는 이름으로 유명세를 탄 것은 2002년 안면도 꽃박람회가 열리면서부터다. 그전에는 성수기에도 한가롭게 조개를 줍거나 해변 뒤쪽 송림을 따라 산책을 하던 조용한 바닷가였는데, 지금은 대형 리조트가 들어선 본격적인 관광지가 되었다. 꽃지를 소개하는 수식어도 많아졌다. 눈부시게 아름다운 낙조를 볼 수 있는 곳, 물이 빠지면 드넓은 갯벌이 펼쳐지는 곳, 자동차로 10분만 가면 소나무가 울창한 안면도 수목원이 있고 해마다 꽃박람회가 열리는 곳……. 한적하던 옛 바닷가를 기억하는 사람들은 요즘의 꽃지를 보고 서운한 마음을 드러내기도 하지만, 꽃지해변이 아름답지 않다고 말하는 사람은 없다.

꽃지해변은 사진 찍는 사람들 사이에서는 한참 전부터 유명한 곳이었다. 해수욕장 앞에 예쁘장하게 서 있는 '할미할아비 바위' 사이로 해가 지는 모습은 서해안 3대 낙조 변산 채석강, 강화 석모도, 태안 꽃지해변로 손꼽힐 정도로 아름다워서 수많은 사진작가들을 불러모았다. 할미할아비 바위에는 장보고의 부하였던 승언 장군이 전쟁에 나갔다 돌아오지 않자 평생 남편을 기다리다 바위가 되었다는 미도 여인의 전설이 깃들어 있다. 밀물 때는 두 바위 모두 물에 잠겨 따로 떨어져 있는 것처럼 보이지만, 간조 때 물이 빠지면 바위 밑동이 연결되어 있는 것이 보인다. 이 전설은 보나마나 '할미와 할아비는 영원히 헤어지지 않고 살게 되었습니다'라고 끝날 것이 분명하다.

바닷길이 열려 할미할아비 바위가 다 드러날 때면 해변에서 바위까지 걸어갈 수 있다. 물이 빠진 자리에는 온갖 조개와 굴이 가득하다. 밀물 때 해수욕을 즐기던 사람들이 이번에는 조개를 캐느라 부산하다. 이윽고 저녁이 되어 해가 뉘엿거리면 여기저기서 카메라를 든 사람들이 모여든다. 많은 사람들이 꽃지해변에서 추억을 담아간다.

 **이쯤에서 사진 한 장**

꽃지해변으로 들어서면 넓은 주차장이 나온다. 여기서 할미할아비 바위가 보이는 지점에 새 모양 솟대가 있다. 솟대 앞에 인물을 세워두고 촬영해 보자. 해가 지기 시작하면 분위기는 좋지만 빛이 급격히 사위어가면서 역광 상태가 되므로 플래시를 터트려 주어야 한다.

할미할아비 바위로 가는 제방 위 솟대는 일제히 한 방향으로 바다를 향해 무엇을 기다릴까.

최근에 생긴 해안도로는 바다를 바라보며 산책하기 좋다.

여행 즐기기

❶ 꽃지해변은 사진 찍는 사람들이 즐겨 찾는 일몰 촬영지다. 할미할아비 바위 사이로 떨어지는 일몰 풍경을 찍으려는 것인데, 계절마다 해가 지는 위치가 조금씩 다르다. 또, 서해의 특성상 조수간만의 차가 심하기 때문에 계절에 따라 일몰 때 만조가 되기도 하고 아예 물이 빠지기도 하므로 미리 정보를 알아보고 가는 것이 좋다. 가장 보기 좋은 일몰 사진을 찍으려면 겨울에 가는 것이 좋다. 일몰 촬영 포인트로는 새 모양 솟대가 있는 지점이나 방포해변으로 넘어가는 빨간색 구름다리 위가 적당하다.

❷ 최근에 대형 리조트가 들어선 후 3.3km의 해안도로가 생겼는데, 이 길을 따라 산책을 하는 것도 추천할 만하다. 가을이면 서해는 대하가 제철이다. 이즈음 꽃지를 찾았다면 대하와 꽃게 를 먹고 오자.

❸ 안면도에는 꽃지를 비롯해 상당히 많은 해변이 있으며, 제각각 분위기도 다르다. 한두 군데 둘러보며 서로 다른 정취를 감상하는 것도 좋다. 꽃지해변 인근 안면도 수목원은 울창한 송림 이 있어 어느 계절에 찾아가도 좋다.

주소	충청남도 태안군 안면읍
내비게이션 검색	'꽃지해수욕장'
GPS 좌표	경도 126° 20' 15.66" 위도 : 36° 29' 55.50"

교통

대중교통 태안시외버스터미널에 안면읍까지 가는 직행버스가 수시로 있고, 꽃지까지 가는 좌석버스도 30분 간격으로 운행한다.

자가용 서해안고속도로 홍성나들목 → 29번국도(해미 방향) → 갈산삼거리 좌회전 → 662번지방도 (서산간척지 방향) → 40번지방도 → 서산간척지 방조제 → 원청 삼거리 좌회전 → 77번국도(안면도 방향) → 안면교 → 안면읍 소재지 → 꽃지해수욕장

여행정보

- 태안군청 문화관광과 041-670-2114, www.taean.go.kr/tour
- 꽃지해수욕장 관리사무소 041-673-1061 ● 태안터미널 041-674-2009

사막이 간직한 시간은 1억5천만 년_여기서 느끼는 흥분과 아쉬움과 그리움은 너무나 짧은 순간이다.
photo by 김창규

뜨거운 사막의 공기를 마시고 싶다

절친한 친구가 아프리카 여행 중 찍어온 사막 사진을 보았을 때 사진 속의 사막에 불고 있는 텁텁한 바람이 내 마음속에도 몰아쳤다. 작렬하는 태양 아래 뜨거운 모래를 디디며, 메마른 호흡을 하고 싶었다. 나는 그 이후로 "사막에 가고 싶다"고 노래 아닌 노래를 부르곤 했다.

신두리 해안사구는 사막이다. 이곳에 사막이 생긴 것은 지리적 조건 때문이다. 해안이 모래로 되어 있는 곳은 간조 때 모래가 바람에 실려와 사구를 형성하게 되는데, 신두리 해변은 그런 현상이 일어나기 좋은 조건을 가지고 있다. 오랜 세월을 두고 조금씩 바람에 실려온 모래가 지금과 같은 사막을 형성한 것이다.

그러나 처음 가본 해안사구는 생각과 많이 달랐다. 어차피 이곳은 아프리카가 아니므로 사막의 규모나 기후는 사진 속의 그곳과 같을 수 없다. 그렇지만 해변가 옆으로 길게 늘어선 펜션단지는 어색했고, 단지 안의 공룡조형물은 생뚱맞아 보였다. 이러한 인공물에 등을 돌리자 비로소 작은 사막은 나에게 이국적인 정취를 보여 주었다.

모래언덕에는 바람이 불어와 그려 놓은 무늬들이 나란하다. 고요한 언덕에 내 발자국이 해가 되지는 않을까 하는 조심스런 마음으로 한 걸음 한 걸음 천천히 걸어 본다. 뜨거운 태양은 어느새 바다 속으로 향하고 붉은 기운은 모래를 뒤덮는다. 아프리카의 사막에 가면 습기가 없어 기분 나쁘지 않다는데, 이 작은 사막에 부는 바람 역시 나쁘지 않다. 뜨거움이 가시지 않은 사막에 누워 잔잔한 파도소리를 들으며 잠들고 싶다. 나는 신두리에서 충분히 사막을 느끼고 있다.

이쯤에서 사진 한 장

'하늘과바다사이펜션'을 지나면서부터 사구가 시작된다. 주변보다 높은 모래언덕 위에 인물을 세워 두고 로우앵글로 촬영해 보자. 물결무늬가 선명한 모래 위로 걷는 뒷모습을 담는 것도 괜찮다.

혼적이란 언젠가는 지워지는 것이지만 이 사막을 기억하는 사람들 가슴속엔 영원히 남을 것이다. photo by 김창규

여행 즐기기

❶ 신두리 입구에서 리조트를 지나야 북쪽에 있는 사구로 갈 수 있다. 해안을 가로질러 리조트가 끝나는 지점 해변에 소나무 두 그루가 서 있고, 여기서부터 사구가 시작된다. 사구는 겨울에 보는 것이 좋다. 여름엔 잡풀들이 모래 위로 자라기 때문에 사막 특유의 황량한 모습을 보기 어렵다. 또한 여행 일정이 넉넉하다면 꼭 일몰을 보자. 사막의 모래가 붉게 변하는 모습이 매우 아름답다.

❷ 지금 이 지역은 천연기념물로 지정되어 개발과 보존 사이에서 갈등을 겪고 있다. 또 리조트와 바다 사이 언덕에 블록을 쌓는 바람에 모래가 침식당해 사구의 흔적이 갈수록 줄어들고 있다. 게다가 최근 서해안 기름 유출로 인해 환경과 생태계까지 파괴되어 최악의 상황을 맞고 있다.

❸ 태안의 안면도는 해수욕장의 천국이라 할 만큼 크고 작은 해수욕장이 많다. 대표적으로는 만리포, 학암포, 꽃지 등이 있으며, 꽃지 해변 인근에는 안면도 수목원이 있다. 학암포 해수욕장 인근에는 이원 방조제가 있어서 낚시도 할 수 있다.

주소	충청남도 태안군 원북면
내비게이션 검색	'신두리해수욕장'
GPS 좌표	경도 126° 11' 12.28" 위도 36° 50' 2.12"

교통

대중교통 태안 버스터미널에서 신두리 행 시내버스를 이용하면 된다. 하루 4회(6:15, 8:50, 13:20, 17:55) 운행하며 40분 쯤 걸린다.

자가용 서해안고속도로 서산나들목 → 32번 국도(서산 방면) → 서산 → 태안 → 603번지방도 → 원북 → 634번지방도 좌회전 → 신두 3리(신두리 해수욕장)

여행정보

● 태안군 www.taean.go.kr, 문화관광과 041-670-2544 ● 태안터미널 041-674-2009

생명을 키우는 갈대밭과 습지

곳곳에 그늘이 드리우는 쉼터를 만들어 놓았다.
걷다가 지친다면 이곳에서 다리를 쉬며
갈대 속에서 푸드덕 날아오르는 새들을 만나 보자.

시화호

갈대습지공원은 시화호로 유입되는 반월천, 동화천, 삼화천의 수질을 정화하기 위해 만든 인공습지다. 시화호 입구에 30만 평이 넘는 습지를 조성하고 갈대를 비롯한 수생식물을 심어, 오염된 물이 이곳을 지나는 동안 깨끗하게 걸러지게 한 것이다.

갈대습지공원이라는 이름에서 알 수 있듯이 이곳에는 갈대가 무성하다. 그렇다고 오로지 갈대만 있는 것은 아니다. 봄이면 갖가지 야생화가 만발하고, 여름에는 하얀 백로가 우아하게 날갯짓한다. 가을 · 겨울이면 습지를 찾아온 수많은 철새들이 갈대 사이로 날아오르는 모습도 볼 수 있다.

자연 속에 푹 파묻혀 한가롭게 거닐고 싶다면 갈대 사이로 나 있는 탐방로를 따라가 보자. 습지로 깊숙이 들어가면 갈대가 수면을 가득 메운 가운데 여기저기 새들이 노닐고, 때때로 물고기가 수면 위로 튀어오르기도 한다. 아이들과 함께 물과 환경에 대해 공부하고 망원경으로 철새도 관찰하고 싶다면 환경생태관에 가면 된다. 생태관 옥상에 올라가면 드넓은 습지가 시원스레 펼쳐지고, 때맞춰 바람이라도 불면 두 눈 가득 갈대 물결이 일렁인다.

맑은 가을날엔 눈 앞에 빼곡한 갈대를 헤쳐나가면 구름도 만질 수 있을 것 같다. 한적한 습지에는 간간이 산책나온 사람들이 보이고, 갈대밭을 스치는 바람 소리가 시원하다.

갈대습지공원 안에는 매점도 없고 자동판매기도 없다. 당연히 쓰레기를 버릴 곳도 없으니 음식물은 가져가면 안 되고, 혹시 쓰레기가 생기면 도로 가져와야 한다. 조금 불편하지만, '죽음의 호수'라 불렸던 시화호를 지금과 같은 생태공원으로 살려낸 노력과 시간에 비하면 얼마든지 감수할 수 있는 작은 불편이다. 자연은 사람이 조금만 관심을 가지면 훨씬 큰 혜택을 베풀어 준다.

갈대습지공원을 조성한 일차적인 목적은 '수질정화'였지만 그로 인한 다양한 혜택은 온전히 사람들이 누리고 있다.

이쯤에서 사진 한 장

환경생태관을 지나면 나무로 만들어진 탐방로가 갈대밭으로 인도한다. 탐방로를 따라가다 인공섬으로 들어서기 직전에 갈대밭을 바라보면 산책로, 가로수, 쉼터가 산자락 아래 어우러져 있다. 이쯤에서 인물은 쉼터 앞에 배치하고, 촬영자는 탐방로에서 촬영한다.

갈대를 헤쳐나가면 손에 닿을 것만 같던 구름들.

갈대밭에 홀로 선 나무가 시선을 붙잡는다. 바람에 흔들리는 갈대와 달리 나무는 꿋꿋하다.

여행 즐기기

❶ 갈대가 누렇게 변하는 가을부터 이른 봄까지가 철새도 구경하며 갈대의 정취를 느낄 수 있는 적기다. 한낮보다는 바람이 약간 부는 오전이나 오후에 가면 갈대가 출렁이며 만드는 물결을 잘 볼 수 있고, 햇빛도 강하지 않아 산책하기 좋다.

❷ 공원 탐방로를 따라가다 보면 갈대 속에서 푸드덕하며 날아가는 새들을 심심치 않게 볼 수 있다. 철새를 관찰할 때는 탐조막 뒤에 몸을 숨기고 조심스럽게 행동해야 새들이 놀라지 않는다. 망원경을 가져가면 좋지만, 없을 경우에는 환경생태관 2층에 있는 망원경으로 새들을 관찰하면 된다.

❸ 원래 섬이었으나 시화호를 조성한 후 육지가 되어버린 우음도가 가까이 있다. 공룡알 화석지와 소금기 가득한 길, 그리고 갈대를 볼 수 있다.

❹ 오이도와 대부도에 가면 맛있는 조개구이를 먹을 수 있고, 갯벌체험과 낚시 등을 즐길 수 있다. 오이도에서 바라보는 해넘이도 아름답다.

주소	경기도 안산시 상록구 사동
내비게이션 검색	'시화호 갈대습지공원'
GPS 좌표	경도 126°50' 32.67" 위도 37°16' 17.41"

교통

대중교통 지하철 4호선 한대앞역 또는 상록수역에 내려 52번 버스를 타고 본오아파트 앞이나 정비단지에서 내리면 갈대 습지 공원 앞까지 걸어서 30분 걸린다. 70번 버스를 타면 습지공원 앞에 내려 10분만 걸어가면 된다. 한대앞역에서 택시를 타면 요금은 5000원 정도 나온다.

자가용 서해안고속도로 매송나들목 나와서 직진 → 지하차도 → 왼쪽 굽어진 길따라 직진 → 본오아파트·농어촌 연구원 → 안산갈대습지 공원 이정표 따라 좌회전 → 갈대습지공원

여행정보

● 안산 시화호갈대습지공원 031-400-1410, http://sihwa.kowaco.or.kr,
10:00~17:30(11월~2월은 16:30), 화요일 휴장

산 너머 펼쳐지는 또 다른 세계

해안면에 사람들이 살기 시작한 것은 정부의 이주정책 때문이었다.
전쟁으로 얼룩진 땅에서 지뢰를 제거하며 오늘의 모습을 만들었다.

양구에서 해안면으로 가는 길은 마치 또 다른 나라로 가는 기분이 든다. 영화 속에서 주인공이 고생 끝에 산을 넘으면 저 멀리 신비의 나라가 펼쳐지듯 도솔산을 넘자 발 아래로 보이는 해안면 일대가 그러했다. 산으로 둘러싸인 곳, 이 길이 아니면 외부와의 소통이 어려워 보이는 곳에 마을이 앉아 있다.

해안면에는 여섯 개 마을이 모여 있는데, 이 일대를 일컫는 다른 이름은 '펀치볼'이다. 한국전쟁 당시 UN군이 을지 전망대에서 마을을 바라보니 움푹 패인 모습이 마치 화채Punch 그릇Bowl 같다고 해서 붙여진 이름이다. 운석에 의해 분지 지형이 되었다는 얘기도 있으나 이 일대가 주변보다 지반이 무르기 때문에 차별적인 침식작용으로 지금과 같은 모습을 갖추었다는 설이 일반적이다.

펀치볼은 민간인통제선 안에 있다. 한국전쟁 당시 최대 격전지 중 하나였다고 하는데, 전망대로 가는 길에는 당시의 상황을 보여주듯 '지뢰'라는 푯말이 자주 눈에 띈다. '모택동 고지' '김일성 고지' '피의 능선' 등 고지마다 붙어 있는 명칭에서도 그때 상황이 엿보인다. 을지 전망대에서 바라보면 남북 군사 분계선의 거리가 얼마 되지 않는다. 걸어서 20분이면 바로 북한이라고 한다.

이곳에 사람들이 살게 된 것은 정부의 이주정책 때문이다. 전쟁이 끝난 뒤 북한의 '선전마을'에 대응해 남한의 잘사는 모습을 보여 주려고 사람들을 이주시켜 땅을 일구게 한 것이다. 전쟁으로 얼룩진 땅에서 지뢰를 제거하며 오늘의 모습을 만들었다. 펀치볼 안에는 5백여 가구가 농사를 지으며 살고 있다.

전망대에 올라 펀치볼을 내려다본다. 정말 영화 속 한 장면처럼 믿기 어려운 또 다른 세상이 눈앞에 펼쳐진다. 그 속에는 낙원처럼 푸른 숲이 있으며 동물들이 한가롭고 꽃들이 만발해 있다. 넓은 분지 안에 오붓하게 앉은 집들과 산 중턱까지 이어진 논과 밭이 평화롭기만 하다. 누가 이 마을을 보며 전쟁을 떠올릴 수 있을까?

 **이쯤에서 사진 한 장**
펀치볼은 을지 전망대 1층 난간 앞이나, 해안면 입구인 도솔산 위에서 바라보아야 전체적인 모양을 볼 수 있다. 펀치볼을 배경으로 기념 촬영을 하려면 인물을 화면 가운데 두기보다 가장자리에 세우고 촬영하는 것이 좋다.

전쟁기념관의 조형물. 높은 벽 아래 기대앉은 병사의 한숨 소리가 들리는 듯하다.

한가로운 해안분지 안 들녘은 평화롭기만 하다.

여행 즐기기

❶ 해안면에 들어서면 제일 먼저 양구 통일관에서 출입신청서를 작성해야 한다. 1인당 입장료 2500원과 차량 이용비 2,000원을 내고 출입확인서를 받아야 을지 전망대에 갈 수 있다. 양구 통일관에서 을지 전망대로 가는 대중교통은 없으며, 걸어가는 것도 불가능하다. 자가용을 이용하거나, 통일관에서 다른 이용객의 차를 얻어타고 가는 방법이 유일하다.

❷ 을지 전망대에 오르면 펀치볼을 한눈에 볼 수 있는데, DMZ라는 특수성 때문에 사진촬영에 제약을 받는다. 주로 마을 쪽 촬영만 허가된다. 전망대 안에 있는 안보교육장에서는 문화관광 해설사로부터 DMZ에 관한 설명을 들을 수 있다.

❸ 해안면은 분지 형태지만 높은 곳은 해발 600m, 낮은 곳도 해발 400m인 고지대여서 무, 배추 등 고랭지 농사를 짓는다. 펀치볼에서 자란 무청을 이용해 만든 시래기가 특산물로 인기 있다. 쌀과 곰취나물도 유명하다.

❹ 주변에 1990년에 발견된 제 4땅굴이 있는데, 전동차로 편안히 관람할 수 있다. 해안면을 벗어나 양구 방향으로 가다 보면 화가 박수근 선생의 미술관이 있다.

❺ 민간인통제구역인 두타연은 방문 2일전 양구 군청의 출입허가를 받아야 갈 수 있는데, 50여 년간 출입이 통제되어 오다 최근에 개방되었다. 완벽한 생태환경이 보존되어 있다.

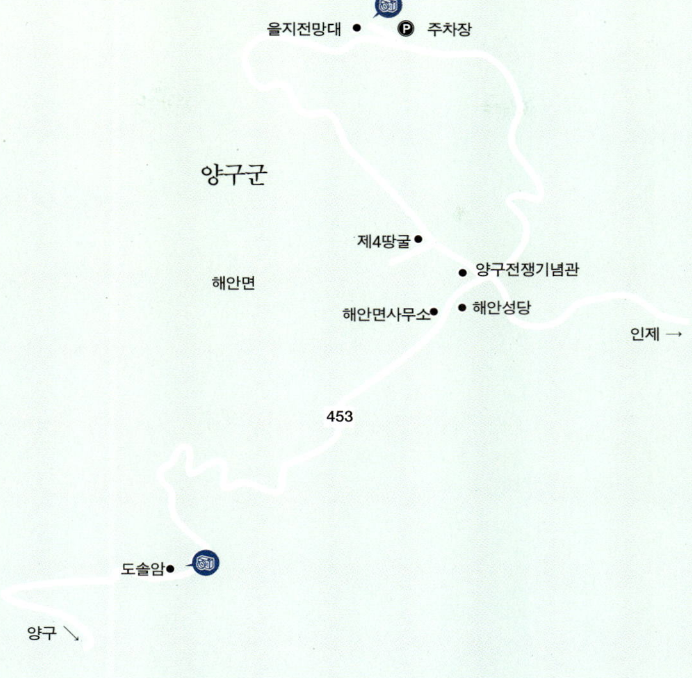

주소	강원도 양구군 해안면
내비게이션 검색	'양구전쟁기념관'
GPS 좌표	경도 128° 8' 51.10" 위도 38° 17' 14.4"

교통

대중교통 양구버스터미널에 해안면으로 가는 버스가 1일 3회 운행한다.

자가용 서울 → 46번국도 → 남양주 → 가평 → 춘천 → 화천 오음리 → 양구

여행정보

● 양구통일관 033-481-9021 | 이용시간 09:00 ~ 18:00(11월~2월은 17:00), 월요일 휴관

● 양구군 http://ygtour.kr ● 양구터미널 033-481-3456

회색 갯벌 위로 해가 뜨는 포구

거칠고 무거워 보이던 겨울 바다에서 해가 떠오르면
해보다 부지런히 하루를 여는 사람들 머리 위로 환한 빛이 퍼진다.
photo by cookie

바다에서

해돋이를 보려면 동쪽으로, 해넘이를 보려면 서쪽으로 달려야 한다. 그런데 서쪽 바다라고 해서 모두 해넘이만 볼 수 있는 것은 아니다. 서해에도 해돋이를 볼 수 있는 곳이 두 군데 있다. 하나는 당진 왜목마을이고 하나는 서천 마량포구다. 그런데 마량포구는 아침에 해돋이를 보고 그 자리에서 등만 돌리면 저녁에 해지는 모습도 볼 수 있는 신비로운 곳이다. 어떻게 이런 일이 가능할까?

지도에서 마량포구를 찾아보면 육지에서 튀어나온 해변이 남북으로 길게 뻗으며 만灣을 감싸고 돌아나간다. 그러다 보니 서쪽은 물론이고 동쪽으로도 바다를 끼고 있다. 서해안이라면 서쪽은 바다, 동쪽은 육지가 되는 것이 일반적인데, 마량포구에서는 동쪽으로 꽤 먼 거리를 가야 육지에 닿는다. 이렇게 육지와 포구 사이에 넓은 바다가 있어서 동해안처럼 해돋이를 볼 수 있는 것이다. 하지만 아쉽게도 이런 경험은 해가 늦게 뜨는 겨울에만 가능하다.

어느 겨울, 매서운 칼바람을 맞으며 마량리 해안도로에서 해돋이를 기다렸다. 하루 중, 해뜨기 직전이 가장 춥다더니 좀처럼 얼굴을 내밀지 않는 해가 원망스러웠다. 그런데 이런 추위에도 홀로 갯벌에 나와 조개를 캐는 아주머니가 있고, 물이 빠진 바다에서 힘겹게 배를 끌고 뭍으로 나오는 어부들이 있었다. 거칠고 무거워 보이던 겨울 바다에서 드디어 해가 떠오르면 해보다 부지런히 하루를 연 사람들 머리 위로 환한 빛이 퍼진다. 엄한 추위 속에서 몸을 잔뜩 움츠리고 해가 뜨기만 기다리던 소심한 내 모습도 훤히 드러난다. 한 해를 돌아보는 시점에서 얻은 진한 경험은 해마다 나를 서해의 작은 포구로 이끈다.

마량포구에서도 매년 해맞이 행사가 열린다. 동해안보다는 해뜨는 시각이 조금 늦지만 햇살은 따뜻하고 부드럽다. 회색 갯벌 위로 해가 떠오르는 광경은 동해의 그것과 사뭇 다르다. 다가오는 새해에는 서쪽으로 달려 보면 어떨까?

 **이쯤에서 사진 한 장**

서천 해양박물관에서 조금만 나가면 해안도로가 있고, 도로 위 어디에서든 해돋이를 볼 수 있다. 해가 뜰 때쯤, 방파제로 가는 길가에서 인물의 옆모습을 촬영하면 몸은 어둡고 경계선은 밝게 나오는 독특한 사진을 얻을 수 있다. 특히, 얼굴에 햇살이 반사되는 모습은 사진을 더 특별하게 만들어 준다.

겨울 바다 위로 떠오르는 해를 보며 올 한 해는 더 부지런히 살아야 겠다고 다짐한다.

마량포구 갯벌에서의 삶은 고달프다. 그러나 갯벌은 삶을 이어주는 자양분이 된다.

여행 즐기기

❶ 마량포구에서 해돋이를 볼 수 있는 시기는 12월 20일경부터 60일 동안이다. 겨울에 태양의 위치가 남쪽으로 많이 이동해 있기 때문에 바다에서 떠오르는 해를 볼 수 있지만, 다른 계절에는 육지에 붙어있는 산자락 사이로 해가 뜬다. 해돋이는 해안도로 일대 어디서든 볼 수 있다.

❷ 마량포구는 서해에 있어서 당연히 해넘이를 보기도 좋다. 해넘이는 포구 인근 동백정에서 보는 것이 가장 좋다. 동백정에는 수령 500년 이상 된 동백나무 80여 그루가 겨울에도 푸른 빛을 발한다. 3월이라면 한창 절정에 다다른 동백꽃도 감상할 수 있다.

❸ 2월에서 5월사이에 마량포구를 찾았다면 주꾸미를 맛보아야 한다. 이맘때가 제철이어서 알이 가득한 주꾸미 구이는 집나간 입맛도 돌아오게 한다.

❹ 마량포구에서 안쪽으로 조금만 들어가면 천연기념물 제169호인 마량리 동백나무 숲이 있다. 빨간 꽃망울이 온통 뒤덮이는 3월 말이면 꽃구경 오는 사람들로 북적거리는 곳이다.

❺ 아이들과 함께라면 서천 해양박물관을 빠트리지 말자. 자가용으로 여행한다면 인근 홍원항과 춘장대 해수욕장까지 두루 둘러보아도 좋다.

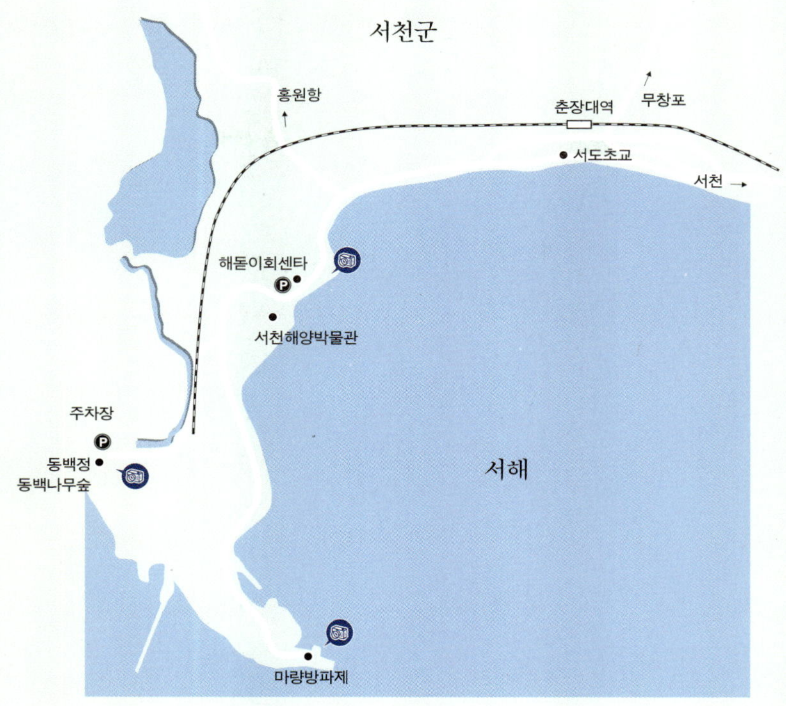

주소	충청남도 서천군 서면
내비게이션 검색	'서천해양박물관'
GPS 좌표	경도 126° 30' 16.90" 위도 36° 8' 30.3"

교통

대중교통 서천터미널에서 마량 동백정 행 시내버스를 이용하면 된다. 06:00부터 22:00까지 33회 운행하며 40분 걸린다.

자가용 ▶ 호남고속도로 논산나들목 → 68번국도 → 강경 → 29번국도 → 서천 → 서면 → 마량포구

▶ 서해안고속도로 춘장대나들목 → 서면 → 마량포구

여행정보

- 서천군 문화공보실 041-950-4224, www.seocheon.go.kr/tour
- 서천터미널 041-953-0776

광안리 바닷가의 새로운 랜드 마크

사람들은 광안대교와 함께 새로운 추억을 만들어 갈 것이다.
차를 타고 해 뜨는 바다를 보며 근사하게 드라이브하는 추억이 생길 것이고,
노을진 바다를 밝히는 색색가지 불빛을 바라보며 연인과의 추억도 생길 것이다.

세상은 변하게 마련이다. 끊임없이 새로운 것이 만들어지고 원래 있던 것이 사라진다. 그래서 사진을 찍다 보면 지금 이 순간이 기록으로 남게 되고, 기록은 과거가 된다. 어쩌면 과거를 기억하기 위해 사람들은 사진을 찍는지도 모른다.

예전, 광안리 앞바다에는 잔잔한 수평선만 있었으나 지금은 광안대교라는 커다란 구조물이 먼저 눈에 들어온다. 거칠 것 없는 시원한 풍광이 사라진 대신 세련된 구조물이 새로 등장한 것이다. 약 7km 길이에 2층 구조로 된 광안대교는 현재 우리나라에서 가장 긴 해상교량이다. 과거 영도다리가 부산을 대표했다면 지금은 광안대교가 그 자리를 차지하고 있다. 부산의 새로운 랜드마크가 된 것이다.

광안리 해변은 예나 지금이나 부산의 대표 해수욕장이다. 예전에 광안리를 찾았을 때, 백사장에서 신나게 뒹굴다가 해가 뉘엿거릴 때쯤 신선한 회를 맛있게 먹었던 기억이 난다. 지금도 여름이면 사람들은 바다에 뛰어들어 온몸으로 광안리를 즐긴다. 그런데 광안대교가 생긴 뒤로 이곳을 즐기는 방법이 몇 가지 더 늘었다. 자동차를 타고 광안대교를 달리면 광안리 해변부터 멀리 황령산과 동백섬, 달맞이 고개 등이 한눈에 들어온다. 배를 타고 바다로 나가지 않으면 볼 수 없었던 풍경이다. 밤이면 화려하게 불 밝힌 광안대교 야경을 찍으려고 바닷가에 나오는 사람도 많아졌다. 어떤 사람은 노을진 바다를 밝히는 색색가지 불빛을 바라보며 연인과 사랑을 속삭이는 추억도 만들어 갈 것이다.

광안대교가 생긴 지는 10년이 채 되지 않았다. 수평선만 아득하던 광안리를 본 적이 없는 사람도, 옛 바닷가를 기억하는 사람도 지금은 광안대교와 함께 새로운 추억을 만든다. 카페 테라스에서 진한 커피를 마시며 광안리 해변에 나온 사람들을 바라본다. 세대마다 기억하는 것은 다르겠지만 저마다 가슴 깊이 남을 추억 하나쯤은 가져갈 것이다.

 **이쯤에서 사진 한 장**

광안대교와 부산시내 전경을 함께 담고 싶다면 장산 정상에서 찍는 것이 좋다. 인물사진은 민락 수변공원에서 광안대교를 배경으로 인물을 오른쪽에 배치해 찍으면 좋다. 야경을 잘 찍으면 멋있지만 야경 사진에 자신이 없다면 해가 뜰 때를 노려 보자. 야경 못지 않게 멋진 사진을 얻을 수 있다.

여행이 좋은 이유는, 그곳에서 세대와 세대를 이어주는 추억을 만들어 오기 때문이 아닐까?

광안대교의 야경은 화려하다. 바다를 수놓은 불빛들이 오색 유리구슬처럼 반짝인다.

여행 즐기기

❶ 광안대교를 즐기는 방법은 많다. 차를 타고 신나게 드라이브하기, 광안리 해변에서 일출과 함께 바라보기, 황령산 정상·해운대 장산·해운대 동백섬에서 야경 보기, 그리고 민락수변공원에서 바라보는 광안대교도 멋지다. 이밖에도 이기대공원, 달맞이 공원 등 다양한 위치에서 광안대교가 보이는데, 낮에 보는 것보다 화려한 야경이 더 유명하다.

❷ 광안대교는 최첨단 조명시스템으로 요일별, 계절별로 다양하게 불빛을 연출한다. 조명을 밝히는 시간은 대략 일몰 후부터 다음날 새벽 2시경까지다. 이 중에서도 가장 화려한 야경을 보려면 일몰 후 하늘에 푸르스름한 기운이 남아 있을 때가 좋다.

❸ 광안대교와 함께 일출을 보려면 겨울이 적기다. 겨울에는 광안대교 주탑 사이로 떠오르는 해를 볼 수 있으며, 매년 1월1일에는 광안대교 위에서 일출을 볼 수 있는 기회가 있다.

❹ 광안리 해변 끝자락에 있는 민락수변공원 근처에 저렴한 횟집이 몰려 있다. 인근에는 해운대 해수욕장과 부산 아쿠아리움이 있고, 해운대에서 송정 가는 길에 있는 달맞이 공원도 들러볼 만하다.

주소	부산광역시 수영구 광안동
내비게이션 검색	'광안리해수욕장'
GPS 좌표	경도 129° 7' 18.67" 위도 35° 9' 4.25"

교통

대중교통 기차를 타고 갈 경우, 부산역에서 지하철을 타고 광안역에 내리거나 버스(42 139 140 239 240번)를 타고 광안리 입구에서 내리면 된다.

고속버스는 부산 노포동터미널에서 내린다. 마찬가지로 지하철을 타고 광안역에 내리면 된다.

자가용 경부고속도로 구서나들목 → 번영로 → 금사나들목 → 수영강변대로(광안대교 방향) → 광안대교 → 광안리해수욕장

여행정보

- 부산광역시 시설관리공단 051-780-0077, 0088 www.bfma.or.kr
- 부산광역시 수영구청 www.suyeong.go.kr, 문화 공보과 051-610-4061
- 종합관광안내소 051-502-7399
- 매년 1월 1일 광안대교 해맞이 축제, 매년 4월경 광안리 어방축제, 매년 8월경 부산 바다축제, 매년 10월 경 부산 불꽃축제 개최 | 축제 문의 www.festival.busan.kr
- 부산역 051-440-2516 • 부산버스터미널 051-508-9200

바람이 만들어 놓은 모래 물결

젖은 모래가 만들어 놓은 패턴은 너무나 거대해서
사람의 힘으로는 도저히 흉내낼 수 없을 것 같다. 마른 모래는
바람에 이리저리 날려다니면서 끝없이 새로운 무늬를 만든다.

바람이

불자, 고운 모래알이 사르르 움직이더니 너른 해변에 새로운 물결 무늬를 만들어 놓는다. 자연 다큐멘터리에서 보던 신기한 현상이 다대포 해변에서는 흔하게 일어난다.

다대포는 낙동강과 바다가 만나는 지점에 있다. 만조 때는 부산의 다른 바닷가처럼 해수욕하기 좋게 물이 차 있다가 썰물 때가 되면 상당히 넓은 백사장이 드러난다. 모래밭에는 수많은 게들이 살고 있어서 물이 빠지고 나면 부지런히 모래를 주워 먹거나 떼지어 이동하는 모습을 볼 수 있다. 하지만 그보다 더 눈길을 끄는 것은 바닷물과 바람이 모래 위에 그려놓은 물결 무늬다.

다대포 해변에는 바람이 많다. 어떤 날은 눈을 뜰 수 없을 정도로 모래가 날려 금세 머릿속과 신발 안에 모래가 만져진다. 모래시계의 좁은 통로에서 일정하게 떨어지는 모래를 한참 보고 있으면 블랙홀로 빨려 들어가는 것처럼 느껴진다. 다대포 해변에는 블랙홀이 아니라 나를 사막으로 데려다 놓는 마술사가 있다. 바람에 스르륵 움직이는 모래밭을 바라보면 마치 사막에 와 있는 기분이 든다.

젖은 모래가 만들어 놓은 패턴은 너무나 거대해서 사람의 힘으로는 도저히 흉내 낼 수 없을 것 같다. 마른 모래는 바람에 이리저리 날려다니면서 끝없이 새로운 무늬를 만든다. 사막형 해변이 보여주는 이국적인 풍경을 영화 만드는 사람들이 그냥 둘 리가 없다. 아니나 다를까, 영화 〈태풍〉 〈작업의 정석〉 〈원더풀 데이즈〉 등을 이곳에서 촬영했다.

다대포는 여러 가지 레포츠와 축제의 장으로도 유명하다. 바람을 이용해 카이트 서핑을 즐기거나, 해변에서 연을 날리기도 한다. 여름에는 부산 국제 록페스티벌이 열려 해변을 뜨겁게 달구고, 한 해의 마지막 날에는 해넘이 축제가 열린다. 다대포의 해넘이 풍경은 물때에 따라 달라지는데, 간조 때 넓게 펼쳐진 모래 언덕 뒤로 해지는 풍경이 장관이다. 저녁이면 이 모습을 카메라에 담으려는 사람들로 해변이 북적인다.

 **이쯤에서 사진 한 장**

모래 물결이 있는 해변에 인물을 세우고 촬영자가 아주 낮은 위치에서 촬영해 보자. 인물의 발자국도 함께 촬영하면 좋다. 전체적인 풍경과 함께 인물을 담으려면 팔각정이나 몰운대 성당에서 촬영하면 된다. 일몰과 같이 담으면 더 매력적인 사진을 얻을 수 있다.

다대포 해변에는 바람이 많다. 연을 날리며 바람을 즐기는 사람들이 있다.

눈앞에서 벌어지는 신기한 광경은 여행자의 발을 모래 해변에 묶어 놓고 만다.

여행 즐기기

❶ 다대포의 일몰은 해변 모래사막과 함께 감상해도 좋고 몰운대 성당이나 해안도로에 있는 팔각정에서 감상해도 좋다.

❷ 다대포 입구에 있는 몰운대에서 바라보는 일몰도 근사하다. 몰운대는 원래 다대포 앞바다에 있는 섬이었는데, 오랫동안 낙동강에서 내려온 흙과 모래가 쌓여 해변과 연결되었다. 나무가 울창해 산책하기도 좋다. 해변에서 걸어갈 수 있으니 함께 둘러보자.

❸ 물이 빠질 때 조개를 잡거나, 낚시를 할 수도 있다. 자전거를 빌려 다대포에서 을숙도까지 다녀오는 코스도 즐겁다.

❹ 다대포에서 낙동강 쪽으로 조금만 가면 철새들의 보금자리인 을숙도가 나온다. 부산시내 방향으로 조금 들어가 파스텔톤 작은 집들이 옹기종기 모여 있는 감천동을 둘러보는 것도 좋다.

주소	부산광역시 사하구 다대동
내비게이션 검색	'다대포해수욕장'
GPS 좌표	경도 128° 58' 5.70" 위도 35° 2' 40.95"

교통

대중교통 부산역 앞에서 2번, 98번 버스를 타면 다대포 해수욕장으로 간다. 연안여객부두, 남포동에서 11번 버스, 충무동 로터리에서 96번 버스를 타고 가는 방법도 있다.

자가용 남해고속도로 서부산요금소 → 낙동대교 통과 후 회차 → 낙동로 → 강변로 → 다대포해수욕장

여행정보

- 매년 8월경 부산 국제 록페스티벌 개최 | 축제 문의 051-888-3392, www.rockfestival.co.kr
- 부산광역시청 관광진흥과 051-888-3518
- 사하구청 051-207-6041, 사하구 관광 홈페이지 http://tour.saha.go.kr

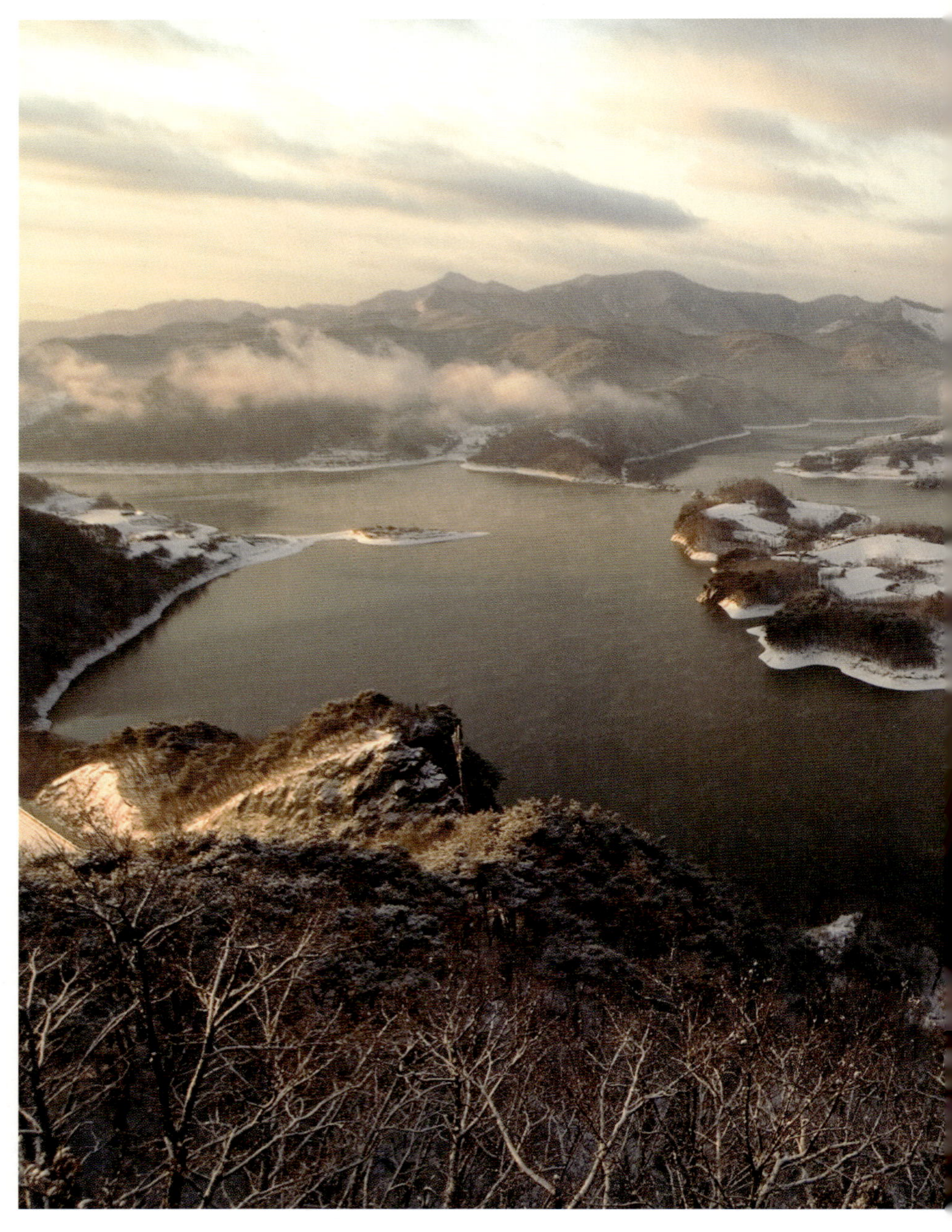

48 임실 옥정호

가는 길이 멀고 험해도 아니 갈 수 없네

꽃잎은 바람에 날리고 사랑에는 길이 없다.
나는 너에게 눈멀고 꽃이 지는 나무 아래에서 하루해가 저물었다.
– 김용택의 〈그 나무〉 중
옥정호 한가운데 누워 있는 붕어섬이 아침햇살을 머금고 있다.

전문가든 아마추어든, 사진 찍기를 좋아하는 사람들에게 옥정호는 꼭 한번쯤 들러야 하는 필수 촬영코스다. 옥정호가 세간에 알려진 것도 사실은 잘 찍은 사진 한 장 덕분이라고 해도 과언이 아니다. 호수를 포근하게 감싸 안은 산자락과 잔잔한 수면 위에 귀여운 붕어 한 마리가 누워 있는 듯한 풍경은 세상에 알려지자마자 많은 사람을 불러들였고, 가는 길이 험해도 다시 찾아오게끔 만들었다.

그러나 옥정호가 아무리 아름다워도 혼자서 가는 길은 힘들고 쓸쓸하다. 운암대교에서 옥정호까지는 차를 타고 가면 20여 분도 안 걸리지만 걸어서는 2시간이나 걸리는 거리다. 한번은 눈이 내리던 날 저녁에 그길을 혼자서 걸어간 적이 있다. 멋진 사진을 찍고 싶은 생각에 무거운 촬영장비를 챙겨들고 나선 길이었는데 짐이 무거운 건 차치하더라도 컴컴한 밤길을 홀로 걷는다는 것이 그렇게 무섭고 쓸쓸할 수가 없었다. 한참만에 겨우 국사봉 인근 모텔에 도착해 여장을 풀고 잠을 청했는데, 다음날 새벽에 일어날 때는 몸이 천근만근이었다. 하지만 멋진 옥정호를 찍겠다는 기대와 설렘으로 자리를 털고 일어났다. 하얀 설경 위로 낮게 깔려 있을 구름과 물안개를 상상하며 숙소를 나서는데 아무도 지나지 않은 새하얀 눈길이 나를 기다리고 있었다. 전날 밤의 힘든 여정을 충분히 보상받는 기분이었다.

옥정호에 도착하니 예상대로 많은 사진작가들이 풍경과 마주하고 있었다. 그들의 카메라에 담길 옥정호는 조금씩 다를 것이다. 그리고 사람들의 마음속에 담길 옥정호 풍경도 다를 것이다. 풍경이란, 사람들과 마주하면서 또 다른 이야기를 만들기 때문이다. 처음으로 옥정호에 찾아간 날 사진촬영을 끝내고 간단한 먹거리를 찾아 휴게소에 들어갔던 기억이 난다. 허기를 달래려 찾아간 그곳에서 나도 모르게 "커피 한잔 주세요"라는 말이 먼저 튀어나왔다. 아름다운 풍경 앞에선 배고픔보다 앞서는 것이 낭만일지도 모른다. 옥정호는 그런 곳이다.

 **이쯤에서 사진 한 장** ·

옥정호 휴게소에서 전주방향으로 조금 가면 전망대가 보이는데, 이 전망대에 넓은 주차장이 있고 국사봉으로 오르는 등산로가 있다. 등산로를 따라 올라가면 옥정호를 한눈에 볼 수 있는 또 다른 전망대가 설치되어 있으니 여기서 옥정호를 배경으로 촬영해 보자.

옥정호를 에돌아가는 도로에 밤사이 하얗게 눈이 쌓였다.

옥정호를 끼고 드라이브하는 코스는 우리나라 아름다운 길 100선에 들만큼 경관이 빼어나다.

여행 즐기기

❶ 옥정호를 제대로 보려면 국사봉에 올라야 한다. 최근에 전망대를 설치하여 보다 안전하게 옥정호를 감상할 수 있게 됐다. 옥정호는 맑은 날 대낮보다는 물안개와 운해가 낀 날이 더 보기 좋다. 특히 새벽녘 서서히 밝아오는 여명과 운해를 뚫고 비추는 아침햇살은 옥정호 조망의 백미라 할 수 있는데, 이 광경을 보려면 미리 기상정보를 알아두는 것이 좋다. 이른 봄이나 가을처럼 일교차가 심한 때와 여름철 태풍이 지나가고 날씨가 맑을 때는 물안개와 운해를 볼 기회가 많아지므로 이때를 택하여 여행하는 것이 좋다.

❷ 주변에 음식점이나 숙박시설이 부족하다. 자동차를 이용한다면 운암대교 인근의 숙박시설을 이용한 후 새벽에 옥정호로 이동하거나 전주에서 숙박을 한 후 이동하는 것이 좋다. 대중교통을 이용한다면 옥정호에서 제일 가까운 모텔(국사봉 모텔, 063-643-0440)에서 묵어야 이른 아침에 옥정호를 볼 수 있다. 여기서 1박을 한 후 2km를 걸어서 국사봉에 가는 것이 지금으로서는 제일 빠르게 옥정호에 갈 수 있는 방법이다.

❸ 옥정호를 보고 나면 운암대교까지 드라이브하는 것도 옥정호의 여운을 길게 간직하는 방법이다. 운암대교 인근은 경관이 빼어나 음식점과 카페들이 많이 있다. 이곳에 들러 강을 바라보면서 식사를 하거나 차를 마시며 붉게 물드는 노을을 감상하는 것도 여행 포인트다.

❹ 임실군에 이 지역 특산물인 임실치즈를 맛보며 직접 만들어 보는 체험 프로그램이 있으니 참여해 보는 것도 좋겠다.

주소	전라북도 임실군 운암면 입석리
내비게이션 검색	'옥정호' '국사봉전망대'
GPS 좌표	경도 35°38' 13.71" 위도 127° 9' 3.11"

교통

대중교통 시외버스나 기차를 타고 전주까지 간다. 전주에서는 구이를 거쳐 옥정호까지 가는 시내버스가 30분 간격으로 다닌다. 또는 임실읍에서 직행버스를 타고 강진까지 간 후, 강진터미널에서 군내버스를 갈아타고 운암대교에서 내리는 방법도 있다(군내버스 1일 12회 왕복 운행).

자가용 호남고속도로 태안나들목 → 30번국도(임실, 강진 방면) → 칠보면 → 49번지방도 → 신정삼거리 → 27번국도 → 운암삼거리 우회전 → 749번지방도 → 옥정호

여행정보

● 임실군 www.imsil.go.kr, 관광과 063-640-2641 ● 임실버스터미널 063-642-2114

험준한 절벽과 강물에 둘러싸인 유배지

천만 리 머나먼 길에 고운님 여의옵고 이 마음 둘 데 없어 냇가에 앉았으니
저 물도 내 안 같아야 울어 밤길 예놋다.
– 왕방연의 시조비에서

짙푸른 강물이 포구를 휘감아 돈다. 배를 타고 물을 건너 발밑에서 자그락거리는 자갈을 밟으며 저만치 보이는 솔숲을 향해 걸어간다. 숲으로 가다가 문득 뒤돌아보니 '저 배가 아니면 꼼짝없이 여기 묶이겠구나' 하는 생각이 들어 나도 모르게 걸음을 주춤거리게 된다.

청령포는 단종1441~1457, 조선 6대 임금이 재위 3년 만에 숙부인 수양대군에게 왕위를 빼앗기고 유배당한 곳이다. 그래서 이곳에 남아 있는 유적에는 모두 단종에 관한 슬픈 이야기가 담겨 있다. 솔숲으로 들어서자마자 담 너머로 보이는 기와집은 단종이 기거하던 집端宗御家, 단종어가이다. 원래는 이곳에 어가가 있었음을 알리는 '단묘유지비端廟遺址碑'만 남아 있었는데, 최근에 승정원 일지의 기록을 토대로 재현해 놓은 것이다. 숲으로 조금 더 들어가면 '동서로 삼백 척, 남북으로 사백구십 척 공간에는 어떤 이도 접근을 금한다'는 뜻으로 세운 '금표비禁標碑'도 있다. 단묘유지비와 금표비는 훗날 영조가 단종의 유배지를 보호하기 위해 세운 것이다. 금표비를 설명하는 안내문에는 '유배 당시 단종에게도 이와 같은 제약이 있었을 것이라고 전해지고 있다'는 말이 덧붙여져 있어서 그 당시 단종이 얼마나 가혹한 처사를 당했는지 짐작하게 한다.

청령포 솔숲에는 유난히 눈에 띄는 소나무가 한 그루 있다. '관음송觀音松'이라는 이름을 가진 이 나무는 천연기념물 제349호로 지정되어 있는데, 다른 나무들보다 훨씬 키가 크고, 나무 밑동이 두 갈래로 갈라져 있다. 단종이 유배 생활을 할 때 두 갈래로 갈라진 밑동 사이에 걸터앉아 쉬었다는 이야기가 전해진다. 관음송이라는 이름에는 이 나무가 단종의 처연한 모습을 지켜보고觀, 한 맺힌 울음 소리를 들었다音는 뜻이 담겨 있다.

슬픈 이야기 때문인지 솔숲이 유독 어두컴컴하게 느껴진다. 그늘이 너무 짙어 햇빛조차 환하게 들지 않는 숲에서 장송들은 몸을 비틀며 하늘을 향해 뻗어 올라간다. 단종의 몸부림이 이와 같지 않았을까.

이쯤에서 사진 한 장

단종어가 뒤편으로 태백선 철길이 보인다. 이것을 배경으로 인물을 찍어도 좋고, 기차가 지나가는 풍경만 담아도 좋다. 송림에서 인물을 찍을 때는 소나무에 살짝 기댄 모습을 찍되 상반신만 촬영하는 것이 깔끔하다.

단풍이 절정인 가을날, 서강 위로 태백선 열차가 지나간다.

소나기재에서 바라본 영월의 겨울, 그리고 선돌.

여행 즐기기

❶ 청령포는 단종 유배시절과 마찬가지로 지금도 나룻배를 타고 강을 건너지 않으면 드나들 길
이 없다. 나룻배는 사람이 모이면 수시로 다니지만 비가 많이 오면 운행하지 않는다.

❷ 청령포 서쪽으로 가파른 산길을 조금 올라가면 '노산대'라는 절벽이 있다. 그 옆 절벽에는 단
종이 한양에 두고 온 아내를 그리며 쌓았다는 돌탑(망향탑)이 반쯤 무너진 채 남아 있다. 나
무 계단이 있어 두 곳 모두 올라가 볼 수 있다.

❸ 영월은 영화 〈라디오 스타〉의 배경지다. 별마로천문대를 비롯해 곳곳에 있는 촬영 장소를 찾
아가 보는 것도 즐거운 일이다. 시내에 가면 영화에 나왔던 다방과 세탁소 등을 볼 수 있다.

❹ 가까이에는 장릉, 보덕사, 선돌 등이 있고, 영월시내 방향으로 가면 별마로천문대와 동강사
진박물관이 있다. 동강 줄기를 따라 정선 방향으로 가면 동강의 백미 어라연이 있다. 반대로
서면 용정리 방향으로 가면 한반도 지형과 꼭 닮은 선암마을을 볼 수 있다.

주소	강원도 영월군 남면 광천리
내비게이션 검색	'청령포'
GPS 좌표	경도 128° 26' 58.51" 위도 37° 10' 32.83"

교통

대중교통 영월역이나 버스터미널에 청령포로 가는 버스가 1시간 간격으로 있다. 영월버스터미널에서 택시를 타면 요금은 3000원 정도 나온다.

자가용 중앙고속도로 제천나들목 → 38번국도 → 서영월나들목 → 59번국도 → 청령포

여행정보

- 영월군 문화관광과 033-370-2690, http://ywtour.com/kor
- 청령포 안내소 033-370-2620 ● 영월터미널 033-374-2450

서리가 얼어붙어 만들어진 상고대. 자연이 만들어 놓은 신비로운 그림.

산정에 펼쳐지는 눈꽃 세상

갑자기 많은 눈이 내린 겨울날, 서둘러 가방을 둘러매고 덕유산을 찾았다. 상고대霜固帶와 눈꽃을 보기 위해서였다. 덕유산은 정상 바로 아래까지 곤돌라를 타고 가뿐하게 오를 수 있는 유일한 산이다. 그러나 힘들이지 않고 좋은 것을 보겠다는 안이한 생각으로 갑자기 이루어진 산행은 아무래도 준비가 부실할 수밖에 없었다. 향적봉 대피소만 겨우 예약하고 먹을거리와 방한복조차 제대로 준비하지 않았으니 말이다. 그래도 이런 기회를 놓치기 아까워 추위에 덜덜 떨며 사흘이나 향적봉과 중봉을 오르내렸다. 산정에 펼쳐진 눈꽃 세상은 그 날의 모든 고생을 기꺼이 견딜 만큼 아름다웠다.

덕유산은 겨울에 진가를 발휘하는 산이다. 설천봉 아래 무주리조트가 있어서 겨울 스포츠를 즐기는 사람들에게도 인기가 있다. 무주리조트에서 곤돌라를 타고 20여 분이면 설천봉에 이르고, 설천봉에서 2, 30분이면 향적봉에 오를 수 있으니 힘들이지 않고도 정상에 올라 아름다운 눈꽃을 마음껏 볼 수 있다.

하지만 당일 산행으로 향적봉에 오르면 눈꽃보다 멋진 풍경은 놓치고 만다. 겨울 덕유산의 백미는 바로 눈으로 뒤덮인 산정에서 바라보는 일출과 일몰이다. 기왕 한겨울 덕유산에 가려거든 향적봉 대피소를 미리 예약하고 산에서 하룻밤을 보내고 오자. 맑고 깨끗한 공기 덕분일까? 산에서 맞이하는 밤은 생각보다 어둡지 않다. 하늘에는 무수히 많은 별들이 쏟아져 내릴 것 같고, 별빛에 의지해 나무와 풀들이 모습을 드러낸다. 그 순간, 누구보다 하늘과 가까이에 있다는 생각이 들고, 새삼 이곳에서 밤을 지새우고 있음을 감사하게 된다.

 **이쯤에서 사진 한 장**

향적봉에서 백련사로 가는 길목을 50m쯤 내려가면 왼쪽에 고사목이 있다. 이곳에서 일출 시각에 맞춰 상고대를 배경으로 인물을 촬영하면 좋다. 또 향적봉 대피소에서 철탑을 지나 중봉으로 가면 나무로 된 너른 탐방로가 있는데, 그 위에서 일출이나 일몰을 배경으로 촬영해도 좋다.

가지마다 탐스럽게 눈꽃이 피었다. 덕유산은 온통 하얀 나라다.

여행 즐기기

❶ 무주리조트에서 곤돌라를 타면 힘들이지 않고 덕유산에 오를 수 있다. 곤돌라를 타고 설천하우스에 내리면 여기서 향적봉 정상까지 1km 정도 탐방로가 나 있다. 한겨울에 이 구간의 눈꽃이 예쁘다. 일행 중에 산행을 싫어하는 사람이 있거나 노약자나 아이들과 함께 산에 오를 때 곤돌라가 매우 유용하다.

❷ 덕유산이 가장 빛나는 계절은 단연 겨울이다. 백색 설경과 상고대를 배경으로 펼쳐지는 일출과 일몰은 환상적이다. 한편, 6월경에는 신록과 더불어 반딧불이도 볼 수 있으며, 10월경 중봉의 원추리 군락과 단풍도 볼 만하다.

❸ 주변에 청정계곡 무주구천동이 있다. 덕유산국립공원 북쪽 70리에 걸쳐 흐르는 계곡으로 입구인 나제통문을 비롯하여 은구암, 와룡담, 학소대, 수심대, 구천폭포, 연화폭포 등 구천동 33경의 명소들이 계곡을 따라 줄지어 있다. 여름철 무성한 수풀과 맑은 물은 삼복더위를 잊게 해주며, 온 산을 붉게 물들이는 가을 단풍과 겨울철 설경 등 사시사철 아름다운 경치를 볼 수 있다.

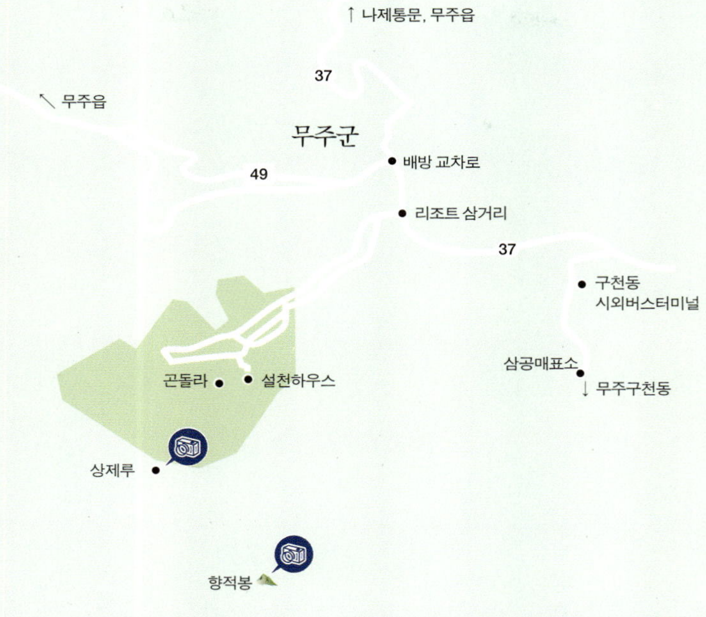

주소	전라북도 무주군 설천면
내비게이션 검색	'무주리조트 설천하우스'
GPS 좌표	경도 127° 44' 43.66" 위도 35° 53' 1.62"

교통

대중교통 무주 시외버스터미널에서 택시를 타거나(설천하우스 까지 약 20,000원) 무주리조트 행 셔틀 버스(무주 할인마트 앞, 시장사거리, 반딧불 주유소 앞에서 탑승)를 이용할 수 있다.

자가용 대진고속도로 무주나들목 진입 후 좌회전 → 적상면 삼거리에서 좌회전 → 사산 삼거리 좌회전 → 치목터널 → 구천동터널 → 무주리조트

여행정보

- 무주리조트 www.mujuresort.com ● 곤돌라 이용시간 09:00 ~ 16:00
- 무주군 www.muju.org ● 덕유산국립공원관리사무소 063-322-1614
- 향적봉 대피소 063-322-1614 ● 무주 반딧불이 축제 www.firefly.or.kr
- 무주공용버스터미널 063-322-2245

좁디좁은 골목길을 달리는 기차

승무원은 깃발을 흔들고 호루라기를 불고 고함을 치며 사람들의 접근을 막는다.
반대로 구경 온 사람들은 어떻게든 사진을 찍어 보겠다고 버티다가
기차가 다가오면 이를 피해 열심히 뛰느라 바쁘다.

집과 집

집과 집 사이에 철길이 놓여 있다. 아니 철길 옆에 집들이 아슬아슬하게 서 있다고 하는 것이 맞겠다. 담 옆에는 빨래가 널려 있고, 나무 판자로 만든 개집에선 낯선 이를 경계하는 강아지가 연신 짖어댄다. 그리 새로울 것도 없는 일상적인 모습인 듯싶다가도 다시 들여다보면 매우 독특한 풍경이다. 일명 '철길마을'이라고 부르는 곳. 군산시 조촌동에 있는 신문용지 제조업체가 생산품과 원료를 실어 나르기 위해 만든 철로 주변에 옹기종기 집들이 모여 마을을 이루면서 이런 이름이 붙었다. 언젠가 TV에 소개된 후로 많은 사람들이 찾고 있는데, 특히 철길 사이로 들어오는 기차의 모습이 위태로우면서도 특이해 사진 찍는 사람들의 단골 출사지로 각광받고 있다.

기차 앞에 올라탄 승무원은 골목을 통과하면서 깃발을 흔들고, 호루라기를 불고, 고함을 치며 사람들의 접근을 막는다. 반대로 철길마을을 구경 온 사람들은 어떻게든 사진을 찍어 보겠다고 버티다가 기차가 다가오면 이를 피해 열심히 뛰느라 바쁘다. 짧은 소동이 지나가고, 멀어져가는 기차를 보면서 문득 궁금해진다. 승무원들은 기찻길 옆에 붙어 사진을 찍다가 이리저리 피해가는 사람들을 보면 무슨 생각이 들까?

기차와 집들 사이 여유 공간은 아주 좁다. 딱 기차 한 대 지나갈 공간만 빼놓고 집들이 들어선 것이다. 구경 온 사람들은 기차가 지나가기만 애타게 기다리지만, 이 마을 사람들에게 기차는 불편하고 위험한 대상인지도 모른다. 그리고 낡은 집들이 다닥다닥 들어선 마을은 언젠가 개발 바람을 타고 사라질 것이다. 사람들이 더 편안하게 살 수 있다면 당연히 좋은 일이지만 이 독특한 광경을 볼 수 없게 된다면 관광객 입장에서는 아쉬울 것 같다. 새롭고 편한 것이 다 좋을 수도 없지만, 오래되고 특이하다고 무조건 보존할 수도 없는 노릇이다. 철길마을에서 새로운 것과 낡은 것의 현명한 조화를 고민해 본다.

이쯤에서 사진 한 장

이마트에서 길을 건너 철길마을로 들어와 보면 '기적'이라고 쓴 작고 동그란 간판이 지붕에 걸려 있다. 이 간판은 골목이 워낙 좁아서 기차든 사람이든 서로 잘 보이지 않기 때문에 기관사가 그 표시를 보고 기적을 울리게 만들어 놓은 것이다. 기적 표시가 있는 기찻길 한가운데 인물을 배치하고 높낮이를 달리하여 여러 구도로 촬영해 보면 재미있다.

바다가 보이는 동네 해망동. 낡은 슬레이트 지붕에도 바닷물 빛깔이 들었다.

아침이면 여느 곳과 마찬가지로 조용한 일상이 시작된다.

여행 즐기기

❶ 철길마을의 여행 포인트는 골목길에 기차가 다니는 모습이다. 기차는 오전 8시20분~9시30분, 10시30분~12시쯤 지나가는데, 매번 같은 시각에 지나는 것은 아니다. 어떤 날은 아예 다니지 않을 수도 있고, 조금 늦거나 빠를 수도 있다. 따라서 기차를 보려면 아침 일찍 골목을 오가며 기차가 지나가기를 기다리는 수밖에 없다.

❷ 사진촬영을 한다고 주민을 향해 무작정 카메라를 들이대는 것은 예의가 아니다. 또 기차가 골목에 들어섰을 때는 아무리 저속으로 운행한다고 해도 위험하므로 반드시 안전거리를 유지하고 다른 골목으로 빠져나갈 수 있는 자리에서 보는 것이 좋다.

❸ 철길마을은 이마트 건너편에서 군산터미널 오페라하우스 웨딩홀까지 약 1km 정도를 말한다. 기차가 다니지 않는 시간에 이 구간을 걸어 보는 것도 괜찮다.

❹ 군산에는 잊혀 가는 옛 풍경을 간직한 곳이 많다. 부두 노동자들이 모여 살던 해망동 일대와 해망굴, 월명동에 있는 구 히로쓰 가옥(국가등록문화재 제183호)과 일본식 건물들이 대표적이다. 군산내항 백년광장 주위에는 구 조선은행 사옥과 세관건물이 있어서 일제 강점기 때 모습을 엿볼 수 있다.

주소	전라북도 군산시 경암동
내비게이션 검색	'이마트' '경암동 부향 하나로 아파트'
GPS 좌표	경도 126° 44' 8.6" 위도 35° 58' 45.52"

교통

대중교통 군산 버스터미널에서 택시를 타고 군산 이마트 앞에서 내리면 기본요금 정도 나온다. 터미널에서 걸어가면 30분 쯤 걸린다.

자가용 ▶ 서해안고속도로 군산나들목 → 금강철새조망대 → 이마트 앞 → 군산역

▶ 호남고속도로 전주나들목 → 26번국도 → 군산시청 앞 → 군산역

여행정보

● 군산시청 www.gunsan.go.kr, 관광진흥과 063-450-4554 ● 군산터미널 063-442-3747

전동성당 안으로 들어가는 순간 유럽이다. 정말 우리나라에서 보기 힘든 우아하고 아름다운 성당이다.

한옥마을 앞에서 유럽을 만나다

한옥들이 골목과 골목 사이로 가지런히 앉아 있는 모습은 전주를 가장 한국적인 곳으로 만들어 주었다. 그런데 이런 한옥마을에 유럽이 있다. 벽돌 하나하나가 짜임새 있게 모여 만들어낸 구조적인 아름다움, 성당 내부를 밝히는 작은 창들과 스테인드글라스. 전동성당은 가장 한국적인 공간에서 유럽을 만나는 착각을 불러일으킨다.

백 년 역사를 지닌 전동성당은 1908년 프와넬Poisnel 신부의 설계로 착공하여 1914년에 준공된 유서 깊은 성당이다. 우리나라에서 가장 아름다운 성당으로 손꼽힌다. 호남 최초의 로마네스크 양식 건물로 국가 지정 기념물 제288호다.

전주를 찾는 관광객에게 전동성당은 유럽 풍의 아름다운 성당이나 영화 〈약속〉의 촬영지로 기억된다. 그러나 천주교인에게는 한국 최초의 순교 터이자 성지라는 의미를 지닌 엄숙한 공간이다. 천주교가 이 땅에 들어올 때, 엄격한 유교 국가였던 조선 사회에서 신주를 불사르고 제를 폐하려던 천주교도 윤지충과 권상연이 참수를 당해 현 풍남문 벽에 걸렸다 한다. 이후 한 세기가 지나 그 자리에 성당을 세운 것이 바로 전동성당이다. 처형지인 풍남문 성벽을 헐어 낸 돌로 성당 주춧돌을 세웠다고 하니, 아름다움 이면에 묻어 있는 이야기가 마음을 숙연하게 한다.

조용히 성당 안으로 들어가 스테인드글라스에서 흘러내리는 빛과 고요하고 성스러운 내부를 보며 감탄하고 있을 때, 한 아주머니가 미소를 지으며 이렇게 말했다. "정말 아름다운 성당이죠?" 나도 미소로 답하고 자리에 앉아 아름다운 성당을 오래 바라보았다.

 **이쯤에서 사진 한 장**

성당입구 주차장 앞에 공중전화 부스가 있다. 그 앞에서 인물을 허리 이상으로 가까이 두고 성당은 전체를 담는데 바닥까지 다 보여줄 필요는 없다. 성당 내부에서는 플래시를 터트리지 말고 의자에 앉아 있는 모습을 담아 보자.

한국과 유럽의 만남. 기와지붕과 성당의 높은 탑이 조화롭다.

여행 즐기기

❶ 전동성당은 지금도 성당으로서의 기능을 충실히 하고 있는 곳이다. 관광객에게도 언제든 열려 있는 공간이지만 일요일뿐 아니라 평일에도 기도를 하러 오는 사람들이 많다. 그러니 성당 내부를 관람하거나 사진을 찍을 때 플래시를 터트리거나 소음을 일으키지 않도록 조심하자.

❷ 전동성당에 대해 약간의 정보라도 알고 가면 성당을 보는 재미가 더 커진다. 미처 자료를 찾아보지 못했다면 안내판의 내용을 자세히 읽어 보면 도움이 된다. 건물의 전체적인 모습도 멋지지만, 벽돌 하나부터 작은 장식까지 눈여겨 보는 것도 재미있다.

❸ 전주는 맛의 고장이다. 유명한 전주비빔밥은 말할 것도 없고, 콩나물국밥도 맛있다. 막걸리를 끓여서 만든 모주는 전주에서만 맛볼 수 있는 별미다. 풍남문 주변 시장통에 가면 싸고 맛있는 전주 음식이 많다.

❹ 전주시에서 운영하는 시티투어를 이용하거나 한옥마을 투어를 이용하면 전동성당은 물론 경기전, 오목대, 객사, 한벽당 등을 돌아 볼 수 있다. 시티투어를 이용하지 않아도 3시간 정도면 한옥마을을 다 돌아볼 수 있다.

주소	전라북도 전주시 완산구 전동
내비게이션 검색	'전동성당'
GPS 좌표	경도 127° 9′ 4.38″ 위도 35° 48′ 38.4″

교통

대중교통 전주역이나 전주고속버스터미널 앞에서 평화동, 남부시장, 구이 방향 버스를 타면 된다. 고속버스터미널에서 택시를 탈 경우 요금은 3000원 정도다.

자가용 호남고속도로 전주나들목 → 전주종합경기장 → 금암광장 → 시청 방향으로 가다가 병무청 오거리에서 우회전 → 충경로 사거리에서 좌회전 → 풍남문 교차로에서 좌회전 → 전동성당

여행정보

- 매년 5월 초 전주대사습놀이와 전주국제영화제 개최
- 전주대사습놀이 www.jjdss.or.kr ● 전주국제영화제 063-288-5433, www.jiff.or.kr
- 전주시 문화관광과 관광홍보팀 063-281-5044~5, http://tour.jeonju.go.kr
- 전주 한옥마을 http://hanok.jeonju.go.kr ● 전주터미널 063-277-1572

 이렇게 여행하자

이렇게 여행하자

1. 여행 정보를 미리 챙기자

평소에 각종 여행 정보 사이트나 개인 블로그, 포털 사이트의 사진 갤러리를 통해 멋진 장소, 포토마크, 맛집, 숙소 등의 정보를 수집해 놓으면 여행 계획을 세울 때 도움이 된다. 여행 날짜를 정하고 나면 날씨를 체크해서 필요한 것들을 챙기자. 비가 온다고 무조건 여행을 미루는 것보다는 그때그때 상황에 따라 여행지를 즐기겠다는 마음의 준비도 필요하다. 구체적인 여행 정보를 구할 때 아래와 같은 웹사이트나 전화를 이용해 보자.

지방자치단체와 관광안내소에서 자료 얻기

떠나기 일주일전에 지방자치단체 홈페이지나 전화를 이용해 관광 안내 자료를 요청하자. 각 지방 명소 소개는 물론이고 교통, 숙박 정보까지 얻을 수 있다. 특히, 안내 자료에 포함되어 있는 관광지도를 보고 여행 루트를 미리 정한 다음, 해당 여행지 관광안내소에 가서 더 필요한 정보를 물어 지도에 표시해서 가지고 다니자. 현지 관광안내소에 문의하면 농가 체험 같은 프로그램에 대한 정보나 현지인들이 즐겨가는 장소, 맛집 등 의외의 정보를 얻게 되는 경우도 있다.

관광안내 전화 1330

1330은 한국관광공사에서 운영하는 관광안내전화다. 24시간 연중무휴로 운영되고 있어, 언제 어디서든 전화 한 통화로 여행 중의 곤란함과 여행준비상의 어려움을 해소할 수 있다. 부가정보이용료는 없으며 관광공사 홈페이지에 접속

하면 일반 전화 요금조차 없는 '웹콜서비스'로 1330을 이용할 수 있다. 한국어는 물론 영어, 일어, 중국어로도 서비스되고 있으며, 전화를 통한 통역 지원도 하고 있다.

일반전화와 공중전화는 그냥 1330, 휴대전화는 02-1330(관광공사 운영 1330 콜센터)을 누르면 된다. 지역번호를 누른 뒤 1330을 누르면 각 지방의 종합관광 안내소로 연결되는데, 대부분 오전 9시부터 오후 6시까지 이용할 수 있다.

한국관광공사 여행정보 사이트 | http://korean.visitkorea.or.kr

지역별, 유형별 여행지 소개부터 음식, 숙박 등 여행에 필요한 다양한 정보를 얻을 수 있다. 특히 철도, 버스, 해운, 항공 등 대중교통 정보를 쉽게 찾을 수 있도록 전국의 터미널이나 기차역 등의 전화번호를 안내하고 있으며, 해당 기관 홈페이지를 링크해 놓았다.

대한민국 구석구석 네이버 카페 | http://cafe.naver.com/9suk9suk.cafe

한국관광공사에서 운영하는 인터넷 카페다. 구석구석 캠페인에 등장하는 장소는 물론이고, 국내에서 가볼 만한 곳은 거의 다 찾을 수 있다. 4만여 명의 회원들이 여행기를 올리거나 서로 묻고 답하기도 하며 여행 정보를 교환한다. 관광공사는 이 카페를 통해 다양한 이벤트를 진행하고, 실속 있는 여행상품을 소개하기도 한다.

2. 대중교통을 이용하는 여행

여행지에 갔을 때, 관광지 이름만으로는 버스 노선 찾기가 쉽지 않다. 예를 들어 우포 소목마을에 가려면 창녕에서 대지, 월계, 신당, 주매, 우만, 내동을 경유하는 이방면 행 버스를 타야 한다. 이처럼 지역 교통은 읍, 면, 리 단위로 체계가 잡혀 있기 때문에 관광지가 유명하지 않은 이상 관광지 이름만으로는 버스 노선을 알기가 어렵다. 이 경우 해당 지방자치단체 홈페이지의 지역 교통 정보를 미리 알아두면 도움이 된다. 버스 운행시간표도 지방자치단체 홈페이지 확인할 수 있다. 인근 주민이나 관광안내소에 가서 물어보는 것도 좋다. 택시를 탈 경우 관광안내소에서 현지 택시 요금을 확인해 두고, 택시기사의 명함을 받아 놓으면 여러모로 도움이 된다.

3. 여유를 가지고 가볍게 떠나자

자가용을 이용하지 않는 이상 무거운 짐은 여행 내내 피로를 가중시킨다. 꼭 필요한 것만 챙겨서 가볍게 떠나자. 반드시 필요한 것은 아닌데 혹시나 해서 가져가는 물건들 중에는 배낭에서 꺼내 보지도 않고 그대로 가져오는 것이 많다.

멋진 장소에 가 보면 잠깐 머물다가 '증명사진'만 찍고 가는 사람들이 더러 있다. 물론 여행을 어떻게 하느냐는 개인의 몫이고, 그렇게 할 수밖에 없는 상황인 경우도 있을 것이다. 하지만 기왕 떠난 여행인데 추억 하나라도 더 담아오면 좋지 않을까? 소쇄원에 가면 광풍각 마루에 앉아 미리 준비해간 차를 마시고, 완도에 가면 구계등 몽돌해변을 혼자 거닐거나 가만히 앉아 몽돌 구르는 소리를 들어 보자. 순천만에서 황홀한 해넘이를 처음부터 끝까지 지켜보는 것은 어떨까? 여행지의 멋을 마음속에 오래 담아두는 방법이다.

4. 주제가 있는 여행, 기록으로 남기는 여행

길거리에서 만난 아이들이나 강아지, 시골 길, 하늘, 시장 등 어떤 것이라도 좋다. 자신만의 주제 하나를 정해서 여행을 해보자. 같은 주제로 다양한 장소를 다니다 보면 나중에 무엇과도 바꿀 수 없는 자신만의 여행기를 만들 수 있다.

여행을 떠나는 것 못지않게 기록으로 남기는 것도 중요하다. 이 때, 꼭 좋은 카메라나 노트북이 있어야 하는 것은 아니다. 작은 노트와 콤팩트 카메라도 좋다. 늘 기록하고 자신의 느낌을 담다 보면 자기가 하고 있는 여행의 의미도 찾을 수 있을 것이다.

10년 전 다랭이 마을과 지금의 다랭이 마을은 다르다. 만약 기록이 남아 있다면 매우 의미 있고 소중한 자료를 가지고 있는 셈이 된다.

5. 책임여행을 하자

책임여행이란, 여행객이 여행하는 곳의 환경과 문화를 존중하고 보호할 책임이 있다는 개념이다. 예를 들면 환경을 생각해 여행지에서 생긴 쓰레기를 되가져오고, 그 지역 경제를 생각해 주민들이 운영하는 식당과 숙소를 이용하는 것 등이 여기에 해당한다.

자가용으로 여행하는 사람들 중에는 해당 여행지를 실컷 둘러보고는 좀 더 편리한 시설이 갖춰진 다른 지역으로 이동해 잠을 자고 식사를 하기도 한다. 이것이 큰 문제가 되지는 않는다. 하지만 관광객이 몰려와 구경만 하고 가는 지역의 주민들은 의외의 어려움을 겪는 경우가 많다. 현지에서 백반 한 그릇, 음료수 하나만 사 먹어도 많은 도움이 된다. 또, 현지 주민과 소통하고 문화를 체험하는 것도 여행의 큰 즐거움이 된다.

트래킹을 하거나 외딴 곳을 여행하다 보면 아직도 몰래 쓰레기를 버리고 가는 사람들이 많다. 오늘 우리가 머물렀던 곳은 훗날 내 아이들이 찾게 될 여행지다. 내가 지나간 자리까지 생각하는 여행을 하자.

놀라운 우리나라, 여기가 어디지?

초판 발행 2008년 8월 1일
7 쇄 발행 2011년 6월 20일

지은이   유정열
펴낸이   진영희
펴낸곳   (주)터치아트
출판등록 2005년 8월 4일 제406-2006-00063호
주소   413-841 경기도 파주시 탄현면 법흥리 1652-235
전화번호 031-949-9435 팩스 031-949-9439
전자우편 editor@touchart.co.kr

ⓒ2011, 유정열, (주)터치아트

ISBN 978-89-92914-10-9 13980

* 이 책 내용의 일부 또는 전부를 재사용하려면 반드시
  저작권자와 (주)터치아트의 동의를 얻어야 합니다.
* 책값은 뒤표지에 표시되어 있습니다.

* 이 도서의 국립중앙도서관 출판시도서목록(CIP)은
  e-CIP 홈페이지(http://www.nl.go.kr/ecip)에서
  이용하실 수 있습니다. (CIP제어번호: CIP2008002282)